KB149247

백종원이 추천하는 집밥 메뉴 52

백종원이 추천하는
집밥 메뉴 52

초판 1쇄 발행 2014년 08월 28일
초판 179쇄 발행 2024년 11월 04일

지은이 백종원

발행인 심정섭
편집장 신수경
디자인 한국외식정보(주)
사진 김철환(요리) 이강신(인물)
스타일링 김상영
마케팅 김호현
제작 정수호

발행처 (주)서울문화사 | **등록일** 1988년 12월 16일 | **등록번호** 제2-484호
주소 서울시 용산구 한강대로 43길 5 (우)04376
구입문의 02-791-0708 | **팩시밀리** 02-749-4079
이메일 book@seoulmedia.co.kr
블로그 smgbooks.blog.me | **페이스북** www.facebook.com/smgbooks/

ISBN 978-89-263-9667-4(13590)

백종원이 추천하는 집밥 메뉴 52

서울문화사

contents

PART 1

식사 메뉴 | 죽·밥

PART 2

국물 메뉴 | 국·찌개

PART 3
일품 메뉴 | 초대요리 · 술안주

PART 4
반찬 메뉴

요리에 쓰인 양념 계량

이 책에 쓰인 양념 계량은 밥숟가락과 찻숟가락, 종이컵으로 했다. 1큰술은 밥숟가락으로 소복이 한 숟가락이며 1작은술은 찻숟가락으로 소복이 한 숟가락이다. 1컵은 종이컵 1컵, ½컵은 종이컵 반 분량이다. 종이컵 1컵은 약 190ml이다. 그 외에 채소와 고기, 해물 등의 재료는 g으로 표시했다.

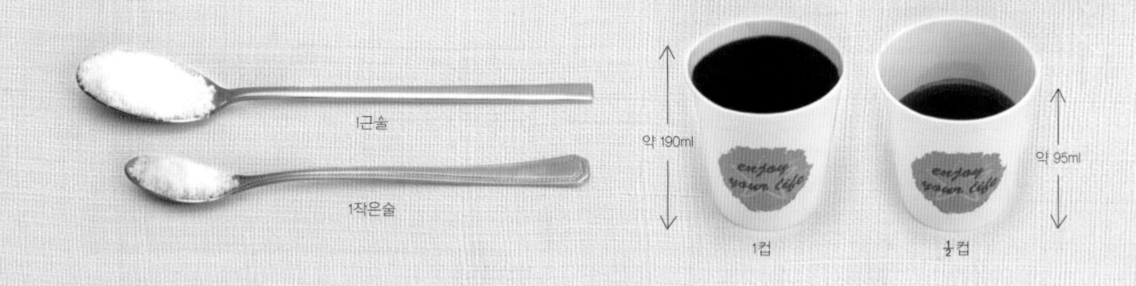

꼭 쓰이는 기본 양념

음식을 맛있게 잘하려면 기본 양념을 잘 알아야 한다. 간장, 된장, 고추장, 액젓에서부터 마늘, 생강, 대파, 양파, 고추 등 향신 채소까지 가장 많이 쓰이는 양념을 모았다.

국간장 일명 조선간장이라고도 부르며 된장에 소금을 넣고 발효시켜 만든 것이다. 국이나 찌개, 나물 등의 간을 맞추고 맛을 깊게 낼 때 쓴다. 많이 쓰면 음식이 검게 되므로 적당히 넣고 부족한 간은 소금으로 맞춘다.

간장 일명 진간장이라고 불리며, 요리책에 쓰인 '간장'은 이 진간장을 쓰면 된다. 국간장보다 단맛이 나고 짠맛은 덜하다. 볶음, 무침, 조림 등에 두루 쓰인다.

고춧가루 말린 고추를 빻아 만든 고춧가루는 굵게 빻은 굵은 고춧가루와 곱게 빻은 고운 고춧가루 두가지를 쓴다. 곱게 색을 낼 때는 고운 고춧가루를 쓰고, 김치나 찌개에는 굵은 고춧가루를 쓴다. 모두 구입하기 어렵다면 구분하지 않고 사용해도 된다.

된장 콩으로 메주를 쑤어 만들며, 된장찌개를 비롯해 된장국, 나물된장무침 등에 쓰이는 구수한 맛이 나는 양념이다. 짠맛이 나며, 국이나 찌개의 간을 된장으로만 하면 텁텁하므로 많이 넣지 않도록 한다.

고추장 고춧가루와 메주가루, 쌀가루, 소금을 섞어 발효시킨 전통장으로 매운 맛을 낼 때 사용한다. 무침이나 볶음에 넣어 매운 맛을 낸다.

소금 소금은 굵기에 따라 굵은 소금, 꽃소금, 고운 소금으로 나뉜다. 굵은 소금은 김치재료를 절이거나 무, 오이를 절일 때 사용한다. 보통 음식에는 꽃소금이나 고운 소금을 사용하면 된다.

설탕 단맛을 내기 위해 쓰는 양념이다. 요즘은 흰색 설탕보다는 갈색 설탕이 몸에 좋다하여 갈색 설탕을 쓰는 추세이다.

멸치액젓 멸치에 소금을 뿌려 발효시킨 뒤 국물만 받아낸 것으로 김치나 국, 무침 등을 할 때 넣는 양념이다. 감칠맛이 나지만 많이 넣으면 특유의 비릿한 맛이 나므로 조금씩만 넣는다.

새우젓 싱싱한 새우를 소금에 절인 것으로 특유의 감칠맛과 시원한 맛을 내는 양념이다. 국이나 김치에 넣으며, 새우젓에 고춧가루, 다진 파, 깨소금 등을 넣고 무쳐 새우젓무침으로 즐기기도 한다.

참기름 참깨에서 짜낸 기름으로 고소한 맛이 강한 고급 기름이다. 무침이나 볶음, 탕평채, 잡채 등 요리의 마지막 단계에서 넣어 고소한 맛과 향을 더한다.

들기름 들깨에서 짜낸 기름으로 참기름과는 비슷하지만 약간 다른 고소한 맛과 향이 난다. 요리에 마지막에 참기름 대신 넣어도 좋고, 고사리와 같이 말린 나물을 볶을 때 쓰면 음식의 풍미가 더 좋아진다.

식용유 볶음이나 튀김, 조림 등을 할 때 쓰는 양념이다. 식용유는 콩기름이나 옥수수기름, 포도씨유, 카놀라유 등을 사용하면 된다.

통깨와 깨소금 참깨를 볶은 것이 통깨이고, 이 통깨를 굵게 빻아놓은 것이 깨소금이다. 모두 고소한 맛과 향을 더해주는 양념이며, 무침이나 볶음 등 요리의 마지막에 넣어 향을 살린다.

식초 새콤한 맛을 낼 때 쓰는 양념으로, 오이무침과 같이 채소를 생으로 무칠 때 사용한다. 사과식초, 레몬식초, 현미식초 등을 써도 좋다.

물엿 설탕과 함께 단맛을 내는 양념이다. 볶음이나 조림에 넣으면 재료에 단맛과 함께 윤기를 더해준다.

캐러멜 장조림과 같이 갈색을 내는 음식에 조금 넣으면 먹음직스러운 색이 된다.

후춧가루 음식에 톡 쏘는 매운 맛과 향을 더해주는 향신료로 조금만 넣어도 된다.

찹쌀가루 찹쌀을 가루를 낸 것으로 김치를 담글 때 풀을 쑤어 넣기도 하고, 죽에 쌀 대신 넣기도 한다. 김치에는 찹쌀 대신 밀가루로 풀을 쑤어 사용해도 된다.

마늘과 다진 마늘 마늘은 대표적인 매운 양념이다. 고기류를 삶거나 덩어리째 조리할 때는 마늘을 통째로 넣고, 볶음이나 조림에는 마늘을 얇게 썰어 넣는다. 그리고 평소에는 곱게 다지거나 믹서기에 간 마늘을 쓴다.

생강과 다진 생강 생강은 특유의 독특한 향과 매운 맛이 나는 양념으로 고기요리와 생선요리에 주로 쓰는데, 고기의 누린내와 생선의 비린내를 없애는 효과가 있다. 곱게 다진 생강은 요리에 조금씩 넣으면 풍미가 더해진다.

양파와 다진 양파 양파는 달고 매운 맛이 나는 채소로, 한국에서는 거의 모든 요리에 두루 쓰인다. 고기나 해물, 볶음에 넣어 고기 특유의 냄새도 없애고 단맛을 낸다. 믹서에 곱게 간 양파는 김치나 무침의 양념장을 만들 때 넣는다.

대파 대파는 한식에서 가장 많이 쓰이는 향신 채소 중 하나이다. 주로 흰대 부분을 쓰며, 푸른 잎은 고기를 삶거나 할 때 쓴다. 매콤하고 독특한 향을 더해 음식의 맛과 향을 좋게 하는 역할을 한다.

쪽파(또는 실파) 쪽파는 가는 파로 파무침을 해도 좋고, 김치나 각종 채소무침에 넣기도 한다. 쪽파나 실파는 매운맛이 덜하면서 그 자체로 맛이 좋아서 파전을 해도 좋다.

풋고추, 홍고추, 청양고추 고추는 매운맛이 나는 채소로 매운맛이 강하지 않은 고추는 풋고추, 풋고추가 붉게 익은 것이 홍고추이다. 청양고추는 고추 중에서도 특히 매운 것으로 풋고추와는 종이 다르다. 무침, 볶음 등에 두루 사용되며 매운맛을 낸다.

Prologue

요리 초보가 집에서 맛있는 집밥을 만들 수 있도록
도움을 주고 싶다는 생각으로 만든

백종원식 요리책

집에서 늘 만들어 먹는 것이 집밥이지만 요리와 친숙하지 않은 대부분의 사람들은 매일매일의 식단을 생각하면, "오늘은 어떤 국을 끓이고, 어떤 반찬을 만들어 먹을까?", "마트에 가도 매번 같은 식재료만 사게 되네." 등의 고민을 한 번쯤은 해봤을 겁니다.

이런 고민을 해결하는 데 도움을 드리고 싶어 식당을 운영하면서 끊임없이 메뉴를 개발, 연구한 저만의 노하우를 공개하고자 합니다.

일반적으로 요리책을 쓴다고 하면 다른 사람은 모르는 특이한 조리법이나 메뉴를 담으려고 하지만, 저는 그 부분을 배제하고 일상에서 쉽게 구입할 수 있는 식재료와 쉽게 만들어 먹을 수 있는 메뉴들로 이 책을 구성하여 요리가 처음인 분들도 쉽게 따라할 수 있도록 하였습니다. 여기에 순간순간 조리법에 대한 저만의 요리 Tip을 넣어 요리가 낯선 분들의 궁금증을 해소시켰습니다.

집밥을 만들어 먹기 위해서는 우선 메뉴를 정하고, 그 메뉴에 맞는 식재료를 구입하러 마트에

가서 장을 보는 것이 일반적입니다. 하지만 저는 마트에 가서 식재료를 보고 거기에 맞는 월, 화, 수, 목, 금, 토, 일의 일상 메뉴를 선정합니다.
그렇게 선정한 메뉴를 바탕으로 이 책에서는 마트에서 손쉽게 구할 수 있는 식재료를 이용하여 밥, 국, 찌개, 반찬 등 일상적으로 먹을 수 있는 일반적이면서 꼭 필요한 집밥 메뉴를 넣었습니다. 여기에 손님이 오거나 별식이 생각날 때 간편하게 먹을 수 있는 일품 메뉴까지 일상에서 손쉽게 구입할 수 있는 '일상 식재료' 와 '일상 메뉴' 로 집밥을 만들 수 있는 방법을 담았습니다.
구성에 있어서도 집밥을 제대로 해 먹고는 싶은데 어디서부터 어떻게 음식을 만들어야 하는지 고민하는 요리 초보자들을 위해 메뉴 조리 과정을 재료 손질에서부터 차근차근, 순서대로 따라하면 바로 해 먹을 수 있도록 상세한 요리 과정 컷들과 함께 담아 이해를 도울 수 있도록 했습니다.

양념 또한 시중에서 쉽게 구할 수 있는 기본양념을 사용하였으며, 초보자가 따라서 만들기 쉽도록 양념계량 시 계량컵과 계량스푼 대신 종이컵과 숟가락 등 일상에서 쉽게 구할 수 있는 도구를 이용하는 등 작은 부분까지 설명하여 이해도를 높였습니다.

또한 천편일률적인 조리법을 과감히 탈피하고, 제가 주방에서 직접 부딪치면서 터득한 저만의 음식 조리법과 노하우들이 책 곳곳에 고스란히 담겨 있습니다. 예를 들어, 제육덮밥을 만들 때는 먼저 삼겹살을 익힌 후에 갖가지 양념을 하는 방식이나, 음식의 윤기를 더해 더욱 맛깔스럽게 보이도록 캐러멜을 첨가하는 등 저만의 조리법을 소개했습니다. 이밖에도 쉽게 따라할 수 있으면서 맛 또한 높일 수 있는 저만의 다양한 노하우들이 소개되어 있습니다.

이 책을 통해 간편하면서도 영양만점 맛있는 집밥 메뉴를 만들어 즐기면서 건강도 지키시기를 바랍니다.

2014년 8월

백종원

PART 1

식사 메뉴 | 죽·밥

일반적인 밥상은 밥을 중심으로 국(또는 찌개), 반찬으로 차려진다. 흰쌀밥을 기본으로 먹지만, 쌀을 이용해 죽을 끓이기도 하고 쌀밥에 다른 재료를 더해 별미밥을 만들기도 한다. 평소 즐겨먹을 수 있는 식사 메뉴를 소개한다.

죽은 가장 부드러운 음식으로 쌀이나 콩, 녹두 등의 곡물에 물을 많이 붓고 약한 불에서 오랫동안 부드럽게 끓이는 음식이다. 타락죽은 예로부터 궁중이나 상류층이 즐기던 고급 죽으로, 곱게 간 쌀과 우유로 만든 귀한 보양식이었다. 아침식사나 환자식, 이유식으로도 많이 먹는다.

타락죽

재료 (4인분)

- 쌀 ········· $\frac{1}{2}$컵(75g)
- 우유 ········· 3컵(약570ml)
- 물 ········· 3컵(약570ml)
- 꽃소금 ········· $\frac{1}{2}$큰술
- 설탕 ········· $\frac{1}{2}$큰술
- 잣 ········· 약간

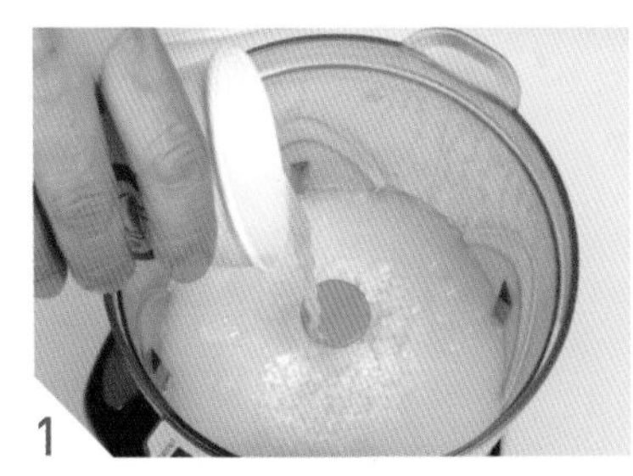

1 쌀은 깨끗이 씻은 뒤 물에 2시간 이상 담가 불린 뒤 믹서기에 넣고 물 3컵을 부어 곱게 간다.

2 곱게 간 쌀을 냄비에 담고 센불에 올려 계속 저어가면서 끓인다.

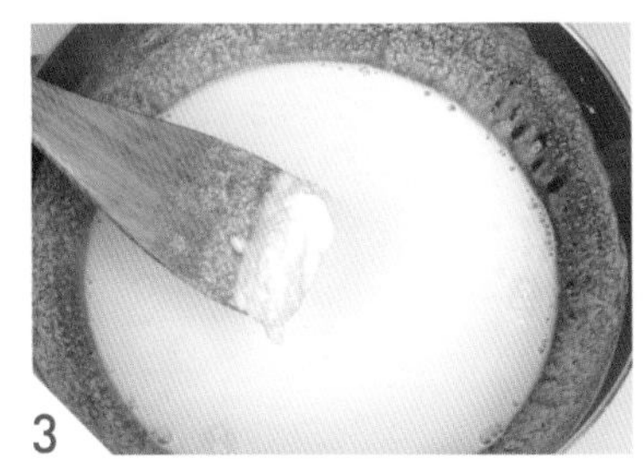

3 죽이 바닥에 눋지 않도록 계속 저어가며 끓인다. 덩어리가 생기면 풀어가며 끓인다.

4 끓는 죽에 우유 3컵을 붓고 덩어리가 생기거나 바닥에 눋지 않도록 계속 저어가며 약한 불로 20~30분 정도 끓인다.

5 죽이 약간 되직할 정도로 끓여지면 소금과 설탕을 넣어 간을 맞춘다.

6 1~2분 더 끓여 죽이 걸죽해지면 불을 끈다. 그릇에 담고 잣을 올려낸다.

죽을 쑬 때는 물의 양을 잘 맞춰야 한다. 물의 양이 적으면 쌀알이 익기도 전에 너무 되직해지고, 물의 양이 많으면 끓이는 시간이 길어진다. 물의 양이 적어서 너무 되직해진다 싶을 때는 물을 보충하는데, 이때는 반드시 뜨거운 물을 넣어야 죽이 삭지 않는다.

전복죽은 고급 보양죽으로 영양이 풍부해 기력을 보충하기 좋고, 소화가 잘 되어 환자들의 회복식으로도, 든든한 한끼 식사 메뉴로도 인기가 많다. 쌀과 전복을 볶다가 전복 내장을 곱게 다져 넣고 끓이면 풍미가 좋아진다.

전복죽

재료 (4인분)

쌀	$1\frac{1}{2}$컵(220g)
전복	3마리(150g)
당근	50g
참기름	4큰술
물	3L
달걀	4개
꽃소금	1작은술

1그릇 세팅

전복죽	1그릇
달걀노른자	1개
통깨	약간
참기름	$\frac{1}{2}$큰술

1 쌀은 깨끗이 씻어 물을 부어 2시간 불린 뒤 체에 밭쳐 물기를 뺀다.

2 전복은 숟가락을 껍데기와 살 사이에 넣고 떼어낸다.

3 가위를 이용해 전복에서 내장을 터지지 않게 잘라내어 모아놓는다.

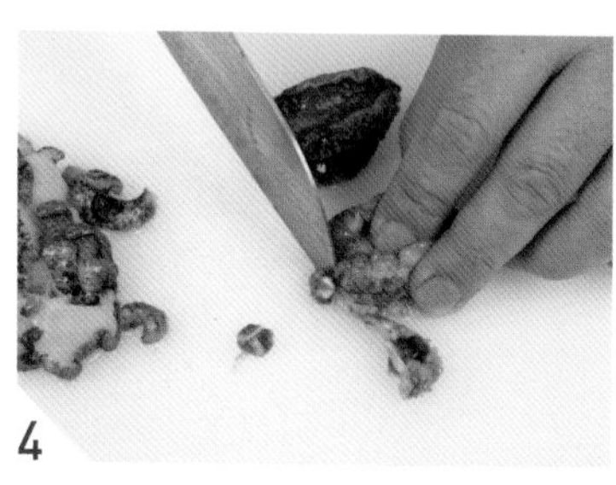

4 전복을 얇게 써는데, 중간에 딱딱한 이빨이 나오면 제거한다.

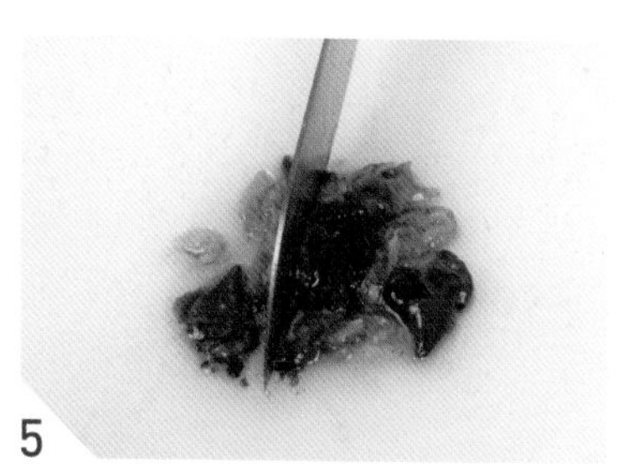

5 전복 내장은 도마에 놓고 곱게 다진다.

6 당근은 곱게 채 썰어 잘게 다진다.

7 냄비를 불에 올리고 참기름 4큰술을 두른다.

8 쌀을 넣고 잠시 볶다가 얇게 썬 전복을 넣고 참기름의 향이 고루 배게 볶는다.

9
곱게 다져놓은 전복 내장을 넣는다.

10
쌀과 전복, 내장이 고루 섞이도록 주걱으로 저어가며 볶는다.

11
전복이 익으면 물을 붓고 끓인다. 한번 끓어오르면 약한 불로 줄여 끓인다.

12
바닥에 눋지 않도록 주걱으로 저어가며 50분 정도 끓인다.

13
쌀이 퍼지면 소금을 넣어 간을 약하게 맞춘다.

14
달걀은 흰자와 노른자를 분리해 놓는다.

15
쌀이 퍼진 상태가 되었는지 확인한다.

16
다진 당근과 달걀흰자를 넣고 휘 저어 섞고 바로 불을 끈다. 전복죽을 그릇에 담고 달걀노른자를 올리고 통깨와 참기름을 뿌려낸다.

백종원의 Tip

전복죽을 끓일 때 전복 내장을 곱게 다져 넣으면 쌉쌀한 맛이 돌아 죽의 풍미가 살아난다.
전복은 비타민과 칼슘, 인 등 미네랄이 풍부하며, 간과 눈을 보호하여 피로회복을 돕는 원기회복에 최고의 음식이다.

단호박이나 늙은 호박을 삶아 갈아서 쑤는 죽으로 간식이나 별식으로 즐길 수 있는 음식이다. 죽을 쑬 때 삶은 팥과 찹쌀가루를 넣기 때문에 든든한 한끼 식사가 된다. 찹쌀가루 대신 찹쌀옹심이를 넣기도 한다.

호박죽

재료 (4인분)

단호박 ························ 600g
(또는 늙은 호박 700g)
팥 ························ 2큰술(50g)
찹쌀가루 ···········2큰술 + 물 1컵
(약190ml)
물 ····················· 3컵(약570ml)
설탕 ··························· 3큰술
꽃소금······················· ½큰술

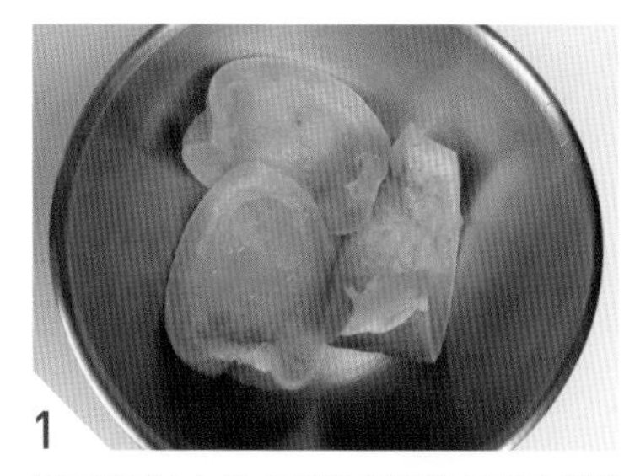

1
단호박이나 늙은 호박은 적당한 크기로 잘라 씨를 제거하고 물에 넣고 삶는다. 익으면 건져 식힌다.

2
팥은 깨끗이 씻어 물을 붓고 팥알이 터지지 않을 정도로 삶은 뒤 체에 밭쳐 식힌다.

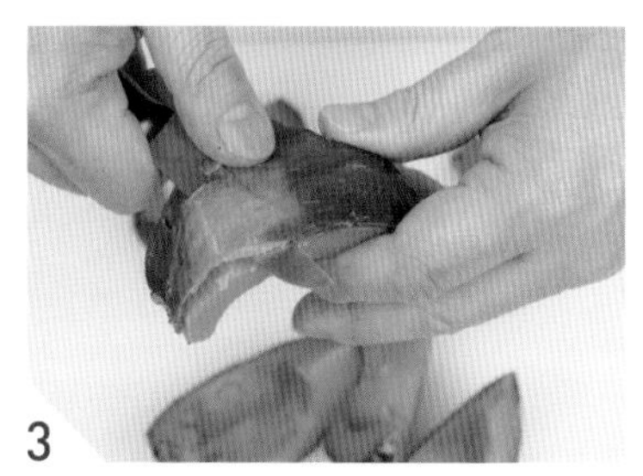

3
삶은 호박은 껍질을 벗기고 작은 크기로 썬다. 단호박이나 늙은 호박도 만드는 법은 같다.

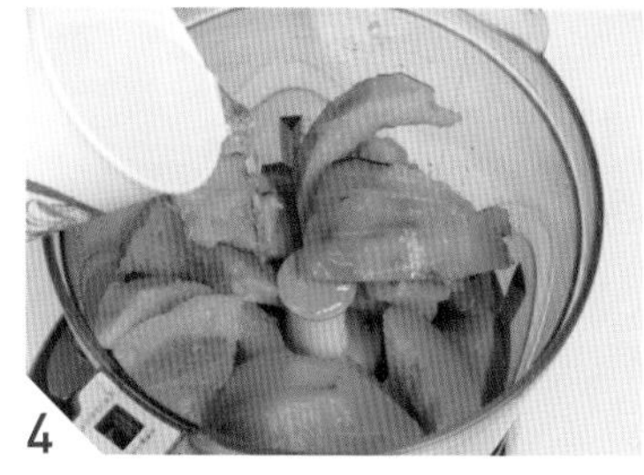

4
호박을 믹서기에 넣고 물 3컵을 부어 곱게 간다.

5
믹서기에 간 호박을 냄비에 붓고 약한불에 올려 나무주걱으로 저어가며 끓이기 시작한다.

6
찹쌀가루와 물 1컵을 그릇에 담고 덩어리 없이 푼다. 고운체에 걸러서 풀어도 좋다.

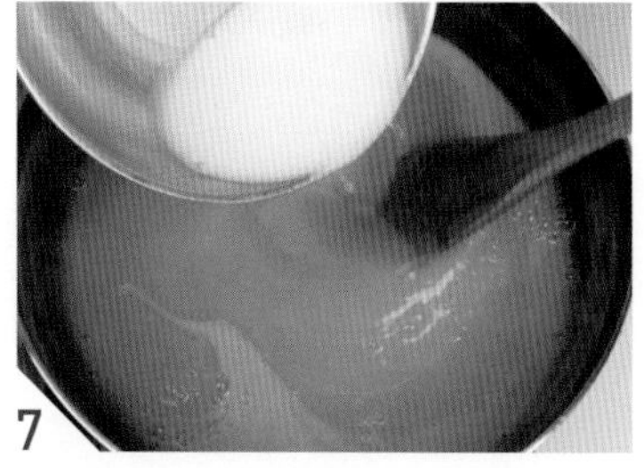

7
호박물이 끓기 시작하면 찹쌀가루 푼 것을 넣고 저어가며 끓인다.

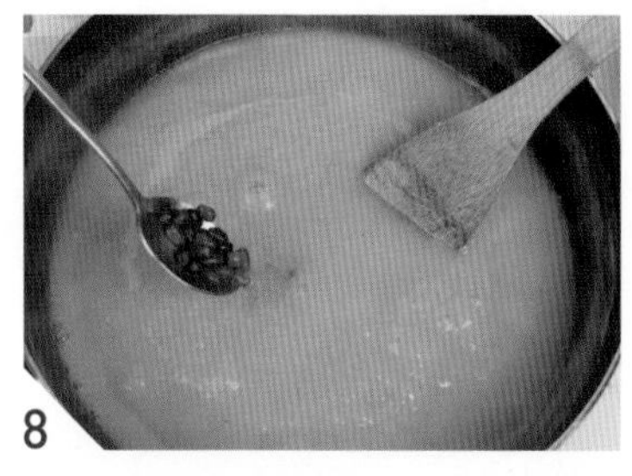

8
찹쌀이 익으면서 투명한 노란 색이 되면 삶아놓은 팥을 넣고 바닥이 눋지 않게 저어가며 끓인다.

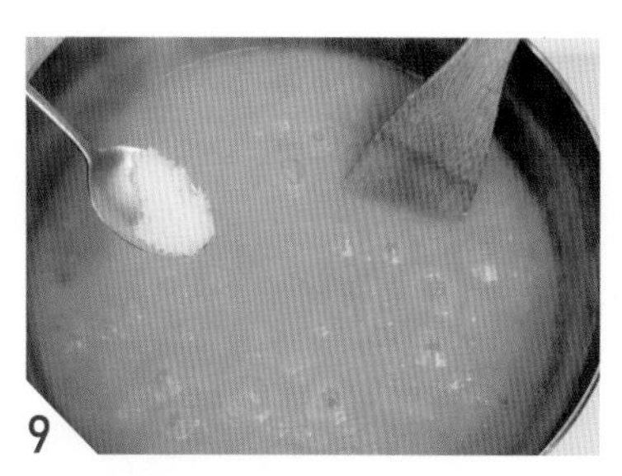

9
설탕과 소금을 넣어 간을 맞추고 불에서 내려 그릇에 담아낸다.

비빔밥은 세계적인 웰빙 건강식으로 떠오르고 있다. 잘 지은 밥에 볶은 고기와 나물, 여러가지 채소를 넣고 비벼먹는데, 비빔소스로 고추장을 넣는다. 고추장은 여러 가지 재료의 맛을 연결해주는 역할을 한다.

비빔밥

재료 (4인분)

- 무 ···························· 120g
- 주키니 호박(또는 애호박)··· 100g
- 당근 ···························· 60g
- 양파········ 120g(후춧가루 약간)
- 표고버섯 ······················ 60g
- 불린 고사리···················· 70g
- 얼갈이배추···················· 100g
  (참기름 $\frac{1}{2}$큰술, 통깨 약간)
- 콩나물 ······················ 120g
- 시금치 ······80g(참기름 $\frac{1}{2}$큰술)
- 돼지고기······················ 150g
  (식용유 1큰술, 간 마늘 1큰술, 진간장 3큰술, 설탕 $2\frac{1}{2}$큰술, 후춧가루 약간, 참기름 1큰술)
- 식용유······················ 적당량
- 밥 ···························· 4공기
  (1공기 180g×4=720g)
- 달걀 ···························· 4개
- 통깨 ·························· 2큰술

비빔장

- 고추장 ······················ 4큰술
- 물 ···················· $\frac{1}{3}$컵(약65ml)
- 설탕 ·························· 1큰술

1
무, 호박, 당근, 양파는 곱게 채 썰고, 표고버섯은 모양을 살려 얇게 썬다. 불린 고사리는 손질해서 다른 재료와 길이를 맞춰 썬다.

2
채 썬 무, 호박, 당근, 표고버섯은 각각 팬에 식용유를 조금씩 두르고 소금을 약간씩 뿌려 볶은 뒤 접시에 펼쳐놓고 식힌다.

3
채 썬 재료 중 양파는 볶을 때 후춧가루를 조금 뿌리고 볶는다. 볶은 양파는 접시에 담아 식힌다.

4
고사리는 참기름을 넣고 볶아야 풍미가 좋아진다. 부드럽게 볶아지면 접시에 담아 식힌다.

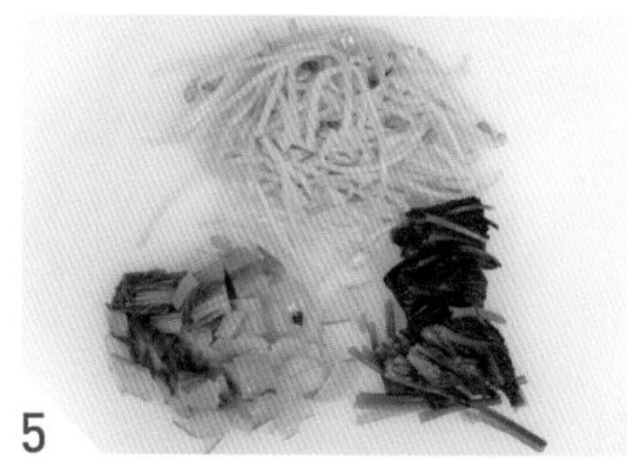

5
콩나물은 물을 붓고 삶아서 체에 밭쳐 물기를 뺀다. 얼갈이배추와 시금치는 각각 끓는 물에 소금을 조금씩 넣고 살짝 데쳐 찬물에 헹군 뒤 물기를 짜고 먹기 좋은 크기로 썬다.

6
데친 시금치는 참기름 $\frac{1}{2}$큰술을 넣고 무친다.

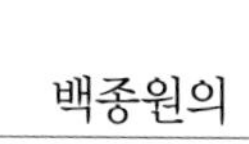

비빔밥은 지역마다 재료가 조금씩 다르다. 그 지역에서 나는 제철재료를 사용해서 개성있는 비빔밥을 만들어낸다. 밥을 한번 볶아서 나물 등을 올리는 전주비빔밥, 육회를 올리는 육회비빔밥, 돌솥에 뜨겁게 먹는 돌솥비빔밥이 있다. 또 지리산이나 내장산 인근에서는 산나물을 많이 넣는 산채비빔밥이 유명하고, 거제도나 통영 지역에서는 멍게를 넣는 멍게비빔밥, 낙지비빔밥, 해초비빔밥이 유명하다.

7

데친 얼갈이배추는 참기름 $\frac{1}{2}$큰술과 통깨를 약간 넣고 무친다.

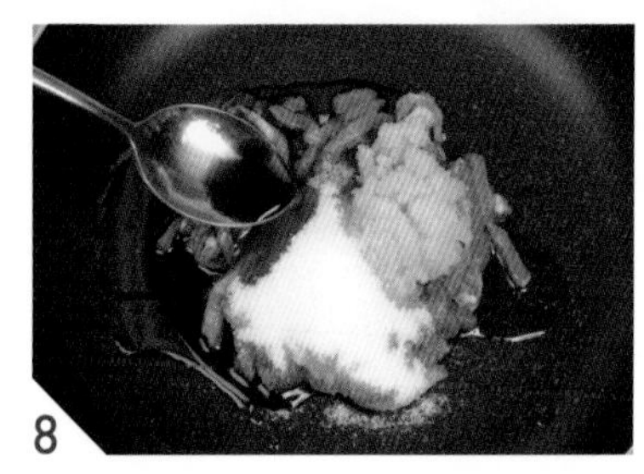

8

돼지고기는 곱게 채 썬 뒤 팬에 담고 준비한 양념을 넣는다.

9

돼지고기와 양념을 고루 섞어가며 볶아 익힌다.

10

돼지고기가 익고 양념이 배면 참기름을 섞는다.

11

고추장에 물과 설탕을 섞어 비빔장을 만든다. 달걀프라이는 노른자가 깨지지 않게 준비해놓는다.

12

볶은 재료와 무친 재료는 한 접시에 보기좋게 둘러담고 밥과 함께 내거나, 밥에 재료를 둘러담고 달걀프라이를 올린 뒤 통깨를 뿌려낸다.

비빔밥은 밥 위에 올리는 채소, 나물에 따라 다양한 맛을 낼 수 있다. 생채소를 올리면 산뜻한 맛을 낼 수 있는데 부추나 상추, 새싹채소 등이 어울린다. 버섯도 표고버섯 외에 느타리버섯을 볶아 올려도 좋고, 그 외에도 말린 호박볶음, 취나물, 오이볶음, 청포묵, 다시마부각 등을 더해도 맛있다.

Paik Jong Won
The Born

김치를 이용한 식사 메뉴로 매콤한 김치와 밥이 어우러져 내는 맛이 별미인 음식이다. 돼지고기와 채소를 먼저 볶고 김치와 밥은 나중에 넣어야 김치의 맛을 살릴 수 있다. 김치는 살짝 신김치를 써야 맛있다.

김치볶음밥

재료 (2인분)

양파 ······ 90g
당근 ······ 50g
대파 ······ 50g
신김치 ······ 250g
돼지고기 ······ 80g
밥 ······ 2공기(180g×2=360g)
식용유 ······ 2큰술
굵은 고춧가루 ······ 1큰술
설탕······ $\frac{1}{2}$큰술
후춧가루······ 약간
간장 ······ 3큰술
참기름 ······ 1큰술
달걀 ······ 2개
통깨······ 약간

1 양파, 당근은 작게 썰고, 대파는 반 갈라 작게 썬다. 신김치는 국물을 가볍게 짠 뒤 작게 썰고, 돼지고기도 작게 썰어 놓는다.

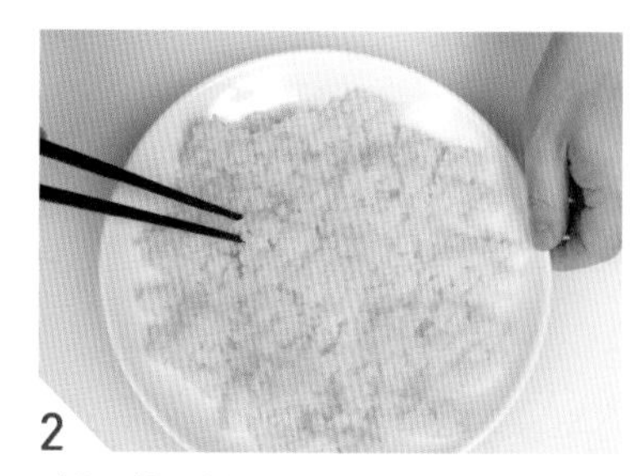

2 밥은 넓은 접시에 펼쳐놓고 식힌다.

3 달군 팬에 식용유 2큰술을 두르고 돼지고기를 볶아 겉면이 익으면 대파를 넣고 함께 볶아 파향이 배게 한다.

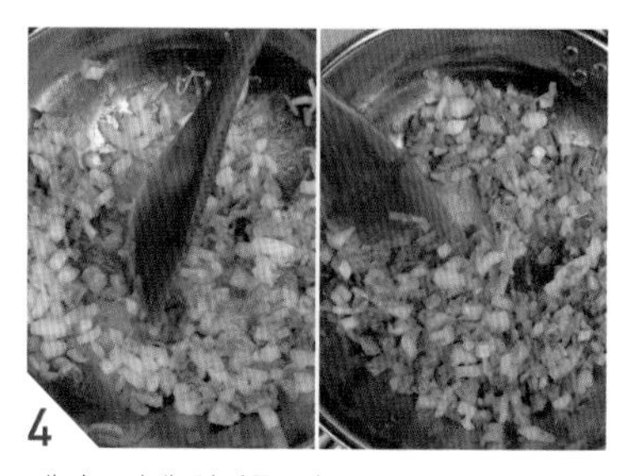

4 돼지고기에 양파를 넣고 고루 섞어가며 볶고, 양파가 살짝 익으면 당근을 넣고 볶는다.

5 고춧가루, 설탕, 간장, 후춧가루를 넣고 섞어가며 볶는다.

6 채소에 양념이 배면 김치를 넣고 볶는다. 김치를 오래 볶으면 너무 익어 씹는 맛이 떨어지므로 $\frac{2}{3}$정도 익힌다.

백종원의  Tip

김치볶음밥을 할 때, 김치를 일찍 넣으면 김치가 너무 익어 김치찌개에 밥을 비빈 것 같은 맛이 날 수 있다.
고기를 먼저 볶아 익히다가 채소를 볶고, 김치는 나중에 넣어 살짝만 익혀 아삭하게 씹히는 맛을 살려줘야 맛있는 김치볶음밥이 된다.

7 밥을 넣고 주걱으로 김치볶음과 밥을 섞어가며 볶는다.

8 밥과 김치가 볶아지면 참기름을 섞는다. 그릇에 김치볶음밥을 담고, 달걀프라이를 올리고 통깨를 뿌린다.

돼지고기와 채소를 매콤하게 볶아 만든 제육볶음을 밥 위에 올려 함께 비벼먹는 요리다. 돼지고기는 삼겹살이나 목살처럼 기름진 부위를 써야 돼지고기 기름이 배어나와 고소하고 맛도 좋다. 돼지고기를 먼저 익히는 것이 포인트다.

제육덮밥

재료 (4인분)

밥	720g
돼지고기(삼겹살)	400g
양파	240g
양배추	260g
대파	160g
당근	50g
풋고추	25g
홍고추	25g
식용유	3큰술
설탕	3큰술
굵은 고춧가루	4큰술
다진 마늘	3큰술
간장	10큰술
참기름	3큰술
후춧가루	약간
통깨	약간

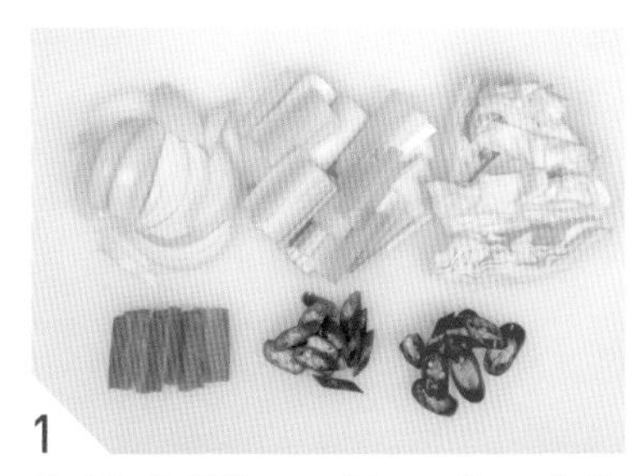

1
양파와 양배추는 1cm 폭으로 썰고, 대파는 양파 길이로 토막내어 반으로 가른다. 당근도 반으로 갈라 얇게 썰고, 풋고추와 홍고추는 어슷하게 썬다.

2
썰어놓은 채소는 한데 담고 섞어 놓는다. 양배추와 양파도 뭉친 것을 하나씩 떼어 섞는다.

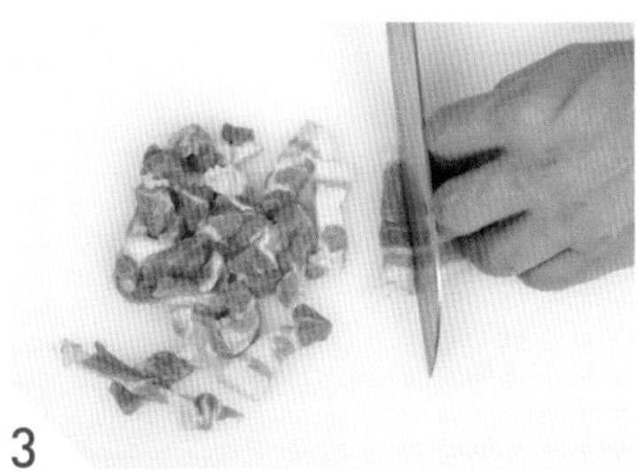

3
삼겹살은 4×1cm 크기로 얇게 썬다. 삼겹살 대신 목살을 써도 좋다.

4
달군 팬에 식용유 3큰술을 두르고 돼지고기를 넣어 겉면을 하얗게 익힌 뒤 설탕을 넣어 단맛을 낸다.

5
볶은 돼지고기에 고춧가루, 다진 마늘, 간장을 넣고 섞어가며 볶는다.

6
돼지고기에 양념이 배도록 볶는다. 불이 세면 양념이 타므로 중간불로 볶는다.

7
돼지고기에 채소를 한꺼번에 넣는다.

8
돼지고기와 채소를 섞어가며 센불에서 빨리 볶는다.

9
채소가 반쯤 익으면 후춧가루를 뿌리고 참기름, 통깨를 섞어 완성한다. 밥에 제육볶음을 올려낸다.

떡국은 설날 아침에 가족의 무병장수와 행운을 기원하며 먹는 명절 음식이다. 쇠고기국물이나 멸치국물, 사골국물 등으로 끓일 수 있으며, 국물에 따라 맛이 조금씩 달라진다. 달걀을 풀어 넣어도 좋지만, 지단을 부쳐 채 썰어 올리고 고기볶음 등을 올리기도 한다.

떡국

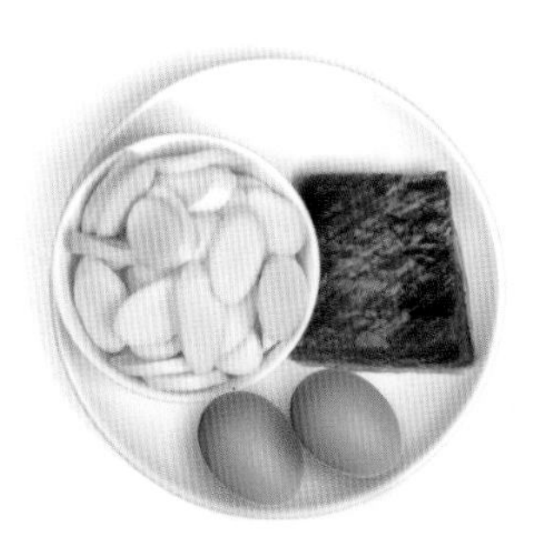

재료 (4인분)

가래떡 썬 것 …………… 400g
물 ……………… 10컵(약1,900ml)
쇠고기……………………… 100g
(참기름 1큰술 + 식용유 1큰술)
다진 마늘 ………………… 1큰술
국간장 …………………… 2큰술
꽃소금…………………… ½큰술
달걀 ……………………… 2개
대파 ……………………… 40g
후춧가루…………………… 약간

1 가래떡은 떡국용으로 어슷하게 썬 것으로 준비해 물에 20~30분 담가 불린다.

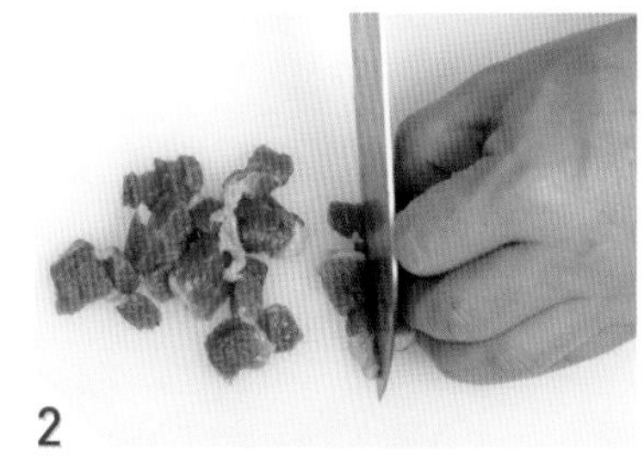

2 쇠고기는 사태나 양지머리 부위로 준비해 작은 크기로 썬다. 대파는 동그랗게 썰어 놓는다.

3 냄비에 참기름과 식용유를 1큰술씩 두르고 팬을 달군다.

4 쇠고기를 넣고 기름이 고루 배고 겉면이 하얗게 익게 볶는다.

5 쇠고기가 익으면 물을 붓고, 다시 끓어오르면 약한불로 줄여 30분 정도 끓인다.

6 쇠고기국물에 불린 떡을 넣고 센불에서 끓인다.

7 떡이 부드럽게 익으면 다진 마늘과 국간장을 넣어 맛을 내고, 부족한 간은 소금으로 맞춘다.

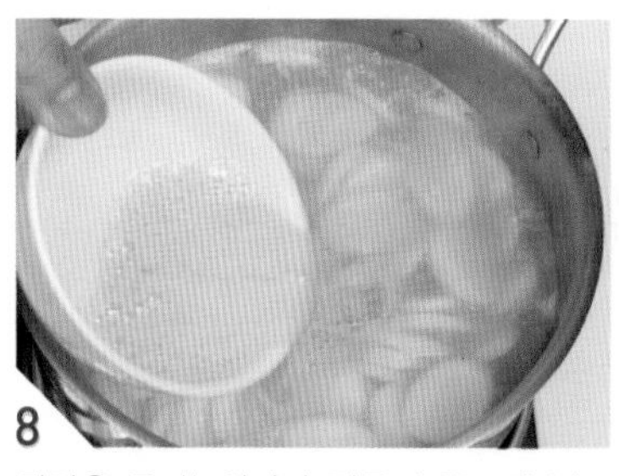

8 달걀은 풀어놓았다가 떡국이 끓으면 넣고 저어준다.

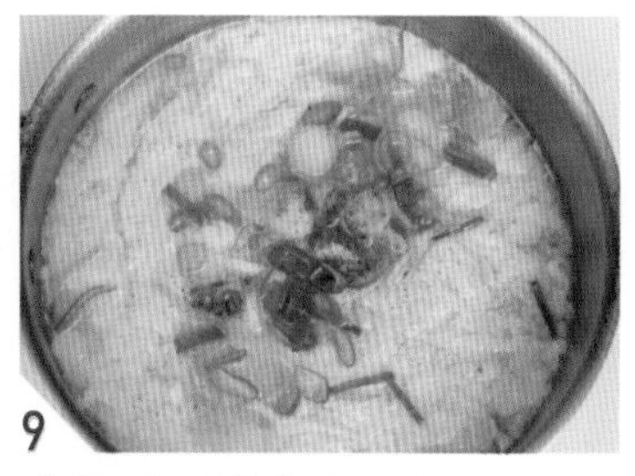

9 대파를 넣고 후춧가루를 뿌린 뒤 그릇에 담아낸다.

어린 닭의 배 속에 인삼과 마늘, 대추, 밤, 은행, 찹쌀을 넣고 물을 부어 끓여 먹는 음식으로, 땀 흘리고 지치기 쉬운 여름철에 원기회복을 위해 즐겨먹던 우리의 전통 보양식이다. 인삼의 향이 진하게 밴 닭살과 국물을 함께 먹는다.

삼계탕

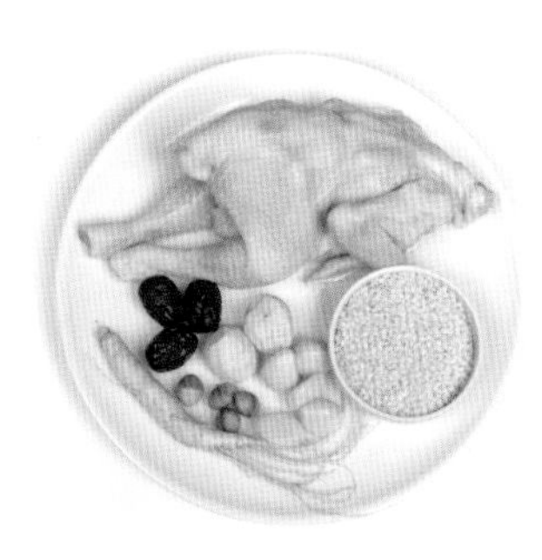

재료 (1인분)

- 영계 ········· 1마리(500g~600g)
- 불린 찹쌀 ····················· 3큰술
- 대추 ····························· 1개
- 은행 ····························· 3개
- 밤 ································ 1개
- 수삼 ····················· 1뿌리(18g)
- 마늘 ························ 3쪽(15g)
- 물 ················· 10컵(약1,900ml)

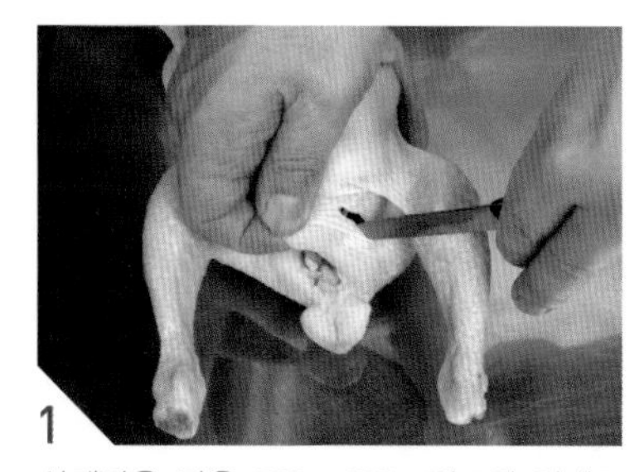

1 삼계탕용 닭은 500g~600g 정도의 영계로 준비해 배 속을 깨끗이 씻어낸다. 다리 사이에 칼집을 넣어 구멍을 낸다.

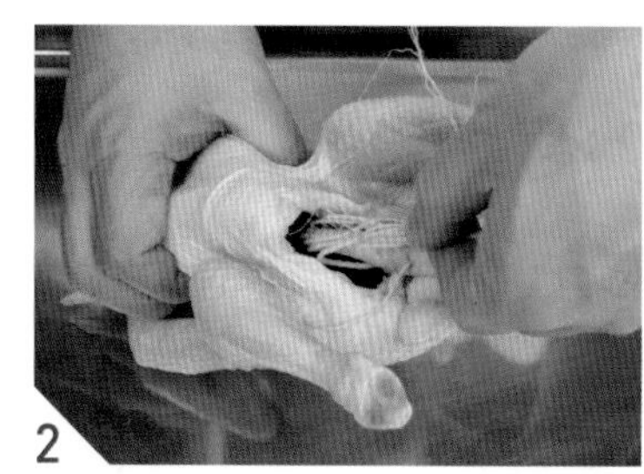

2 수삼은 깨끗이 씻어 닭의 배 속에 넣는다.

3 마늘을 씻은 뒤 닭에 넣는다.

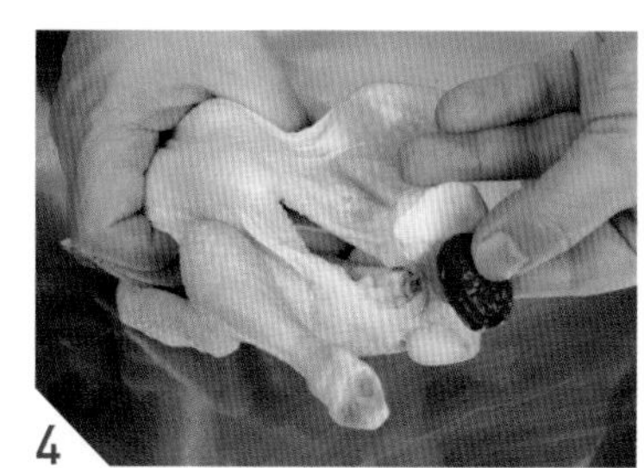

4 대추도 깨끗이 씻고, 밤은 속껍질까지 벗겨 닭에 넣는다.

5 은행은 팬에 살짝 볶아 껍질을 벗긴 뒤 닭에 넣는다.

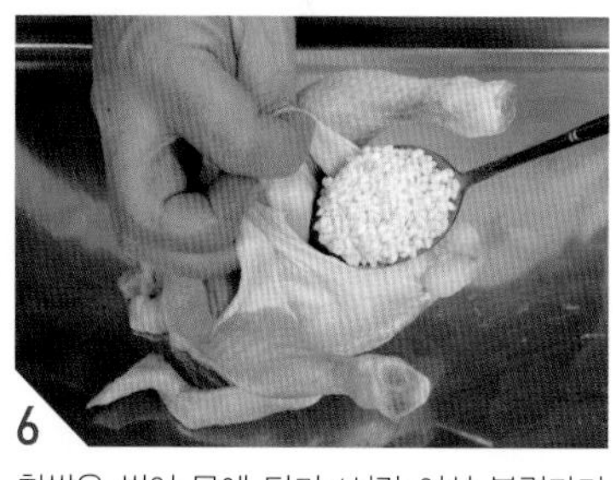

6 찹쌀은 씻어 물에 담가 1시간 이상 불렸다가 닭에 넣는다.

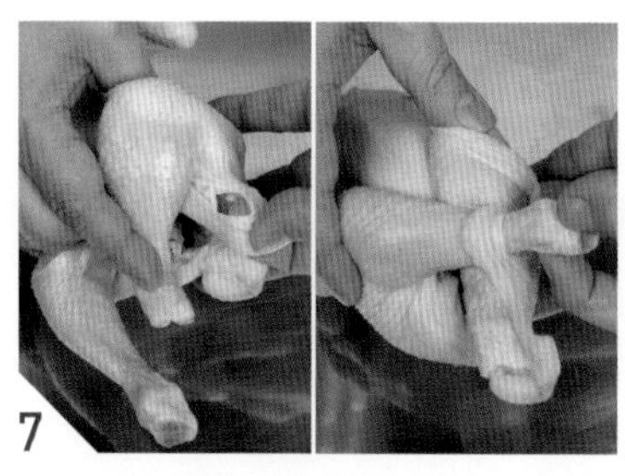

7 오른쪽 닭다리를 왼쪽으로 오므리고 왼쪽 다리를 꼬아 칼집을 넣은 구멍에 끼운다. 또는 다리를 모아서 무명실로 묶어주어도 좋다.

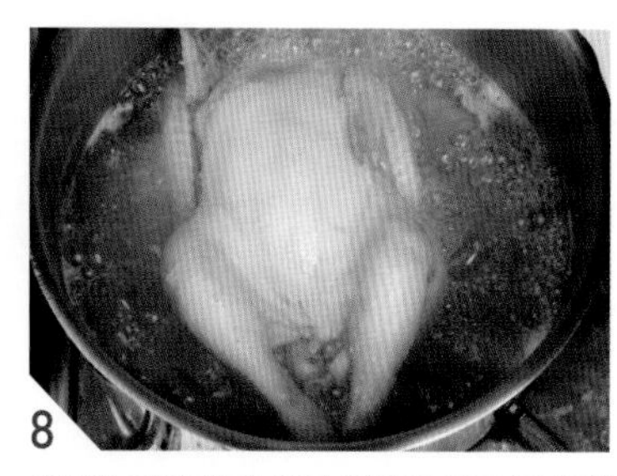

8 냄비에 닭의 배가 위를 향하게 담고 물 10컵을 부어 1시간 20분 정도 끓인다.

먹을 때는 국물에 소금을 넣어 간을 맞추고, 닭살은 소금을 찍어먹는다. 배 속의 익은 찹쌀과 대추, 마늘 등은 국물에 풀어 함께 먹으면 된다.

떡볶이는 분식집이나 길거리 포장마차 등에서 흔히 맛볼 수 있는 음식이다. 보통은 고추장을 풀어 매운 맛의 빨간 떡볶이로 만드는데, 고추장 대신 간장과 갖은 채소, 고기를 넣으면 궁중에서 즐겨먹던 고급스러운 떡볶이가 된다.

궁중떡볶이

재료 (4인분)

흰가래떡(떡볶이)	400g
돼지고기(목살)	120g
양파	130g
오이	60g
당근	60g
표고버섯	50g
대파	50g
물	$\frac{1}{3}$컵(약65ml)
설탕	3큰술
다진 마늘	1큰술
간장	$\frac{1}{3}$컵(약65ml)
참기름	2큰술
후춧가루	약간

1 흰가래떡(떡볶이용 떡)은 물에 담가 불린다.

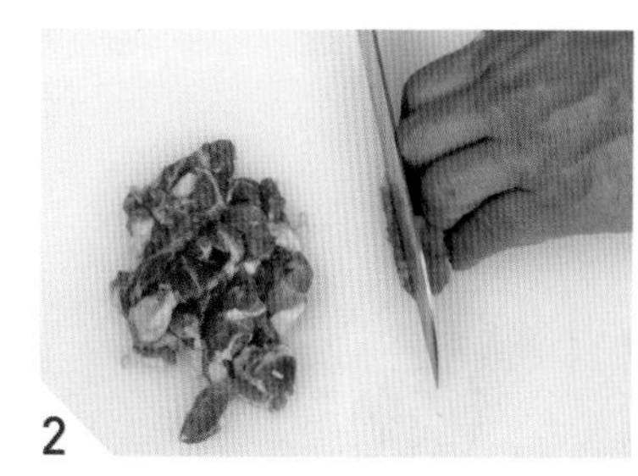

2 돼지고기는 먹기 좋게 채 썬다.

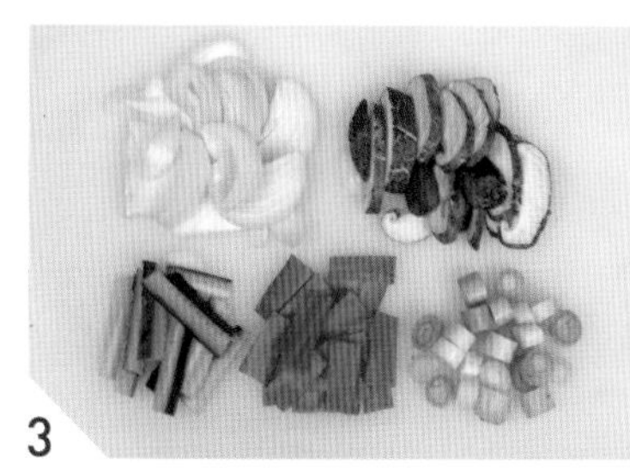

3 표고버섯과 양파는 0.5cm 두께로 채 썰고, 오이와 당근은 반 갈라 얇게 썬다. 대파는 0.5cm 두께로 동그랗게 썬다.

4 오목한 팬에 물 $\frac{1}{3}$컵과 설탕 3큰술을 넣고 저어가며 끓이다가 돼지고기를 넣어 단맛이 배게 볶는다.

5 돼지고기가 익으면 불린 떡과 다진 마늘, 간장을 넣고 볶는다.

6 떡이 부드럽게 익으면 대파를 제외한 채소를 모두 넣고 볶는다.

7 국물이 졸아들고 채소가 반쯤 익으면 대파를 섞는다.

8 불을 끄고 후춧가루를 약간 뿌리고 참기름을 섞어 완성한다.

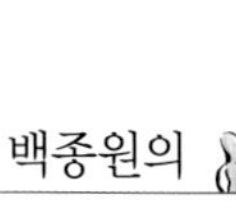

백종원의 Tip

떡볶이용 떡은 흰가래떡을 가늘게 뽑은 것이다. 떡볶이를 할 때, 물 대신 멸치국물을 쓰면 보다 깊은 맛을 낼 수 있다. 물에 설탕을 넣고 돼지고기를 볶아 돼지고기에 단맛이 먼저 배게 한다. 채소는 거의 마지막에 넣어 살짝만 익혀야 씹는 질감과 색감이 좋다.

김밥은 김에 밥과 채소, 고기, 달걀지단 등을 올리고 둥글게 말아서 한입 크기로 썰어 먹는 음식으로 간편하게 즐기는 한끼 식사이며 출출할 때 즐겨찾는 간식이다. 김밥은 넣는 재료에 따라서 다양하게 만들 수 있다.

김밥

재료 (5인분)

오이 ········· $\frac{1}{2}$개
(꽃소금 1작은술+설탕 1작은술)
단무지 ········· 80g
(식초 2큰술+설탕 1큰술+물 3큰술)
햄 ······ 80g(식용유 1컵(약190ml))
당근 ········· 80g
(식용유 1큰술+설탕 $\frac{1}{2}$작은술)
다진 쇠고기 ········· 90g
(식용유 1큰술+다진 마늘 $\frac{1}{2}$큰술 +설탕 2큰술+간장 4큰술+캐러멜 $\frac{1}{2}$작은술+물 3큰술+참기름 1큰술+후춧가루 약간)
달걀 ········· 3개(식용유 1작은술)
밥 ········· 850g
(참기름 2큰술+맛소금 $\frac{1}{2}$작은술 +통깨 1큰술)
생김 ········· 5장
참기름 ········· 약간

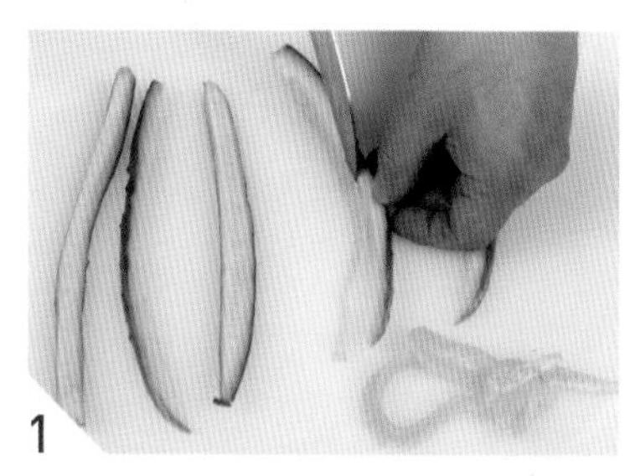

1
오이는 1cm 굵기로 길게 썬 뒤 씨부분을 도려낸다.

2
당근은 가늘게 채 썰고, 단무지와 햄도 1cm 굵기로 길게 썬다.

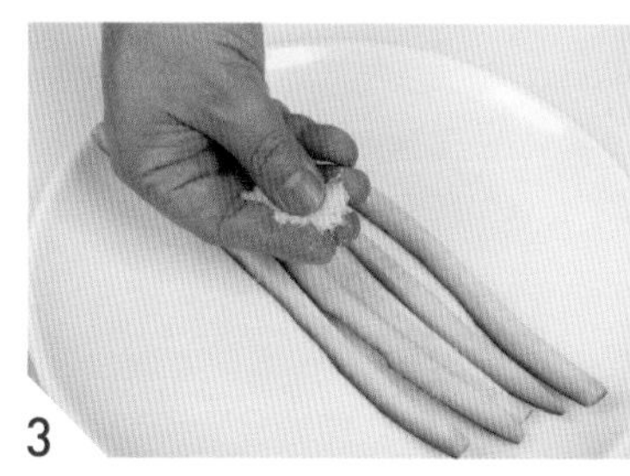

3
오이에 꽃소금 1작은술과 설탕 1작은술을 뿌려 30분간 절였다가 물에 헹구고 물기를 꼭 짠다.

4
단무지는 식초 2큰술, 설탕 1큰술, 물 3큰술을 섞은 것에 담가 30분간 절였다가 물기를 꼭 짠다.

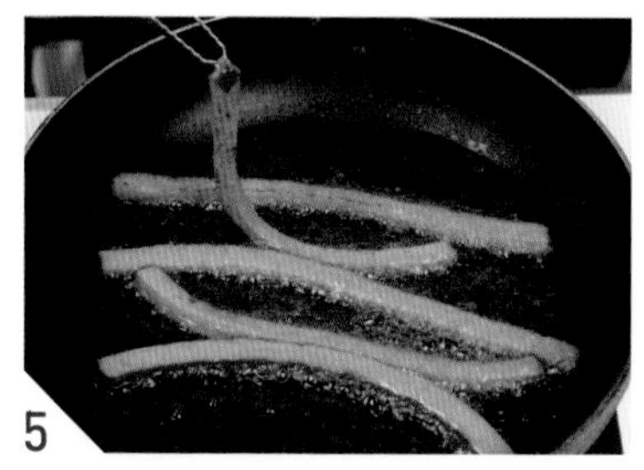

5
팬에 식용유 1컵을 넣고 달궈지면 햄을 넣어 볶는다. 볶은 햄은 키친타월에 올려 기름기를 뺀다.

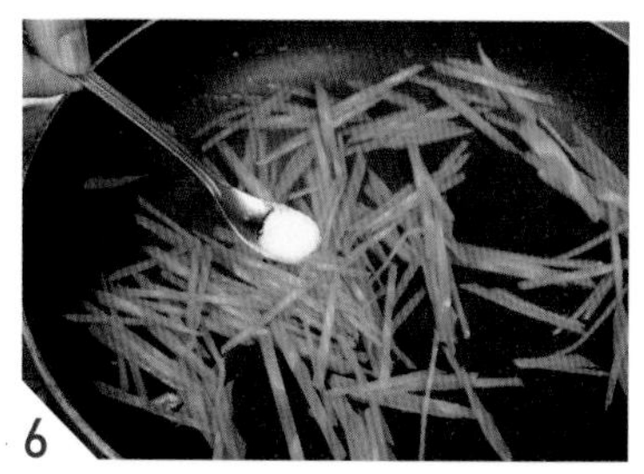

6
팬에 식용유 1큰술을 두르고 당근을 넣어 재빨리 볶는다. 이때 설탕 $\frac{1}{2}$작은술을 뿌려주고, 당근이 반쯤 익으면 바로 접시에 펼쳐 놓고 식힌다.

백종원의 

김밥은 새콤한 맛, 담백한 맛, 짭짤한 맛을 내는 여러 가지 재료를 넣는 것이 핵심이다. 오이를 소금에 절이고, 단무지를 식초와 설탕에 절이는 이유이다. 또 쇠고기를 짭조름하게 볶아 올리면 깊은 맛이 난다.

백종원의 Tip

쇠고기는 잘게 다지거나 길고 가늘게 채 썰어 양념을 진하게 해서 볶아주는데, 김밥의 간을 맞춰주는 역할을 한다. 쇠고기를 볶을 때, 캐러멜을 넣으면 향과 색감이 좋아진다.

7
팬에 식용유 1큰술을 두르고 다진 쇠고기를 넣은 뒤 마늘, 설탕, 간장, 캐러멜, 물, 참기름, 후춧가루를 넣고 갈색이 나게 볶는다.

8
달걀은 곱게 푼 뒤 식용유 1작은술을 두르고 달군 지단 팬에 부어 익힌다. 가장자리가 익기 시작하면 말아서 고루 익힌다.

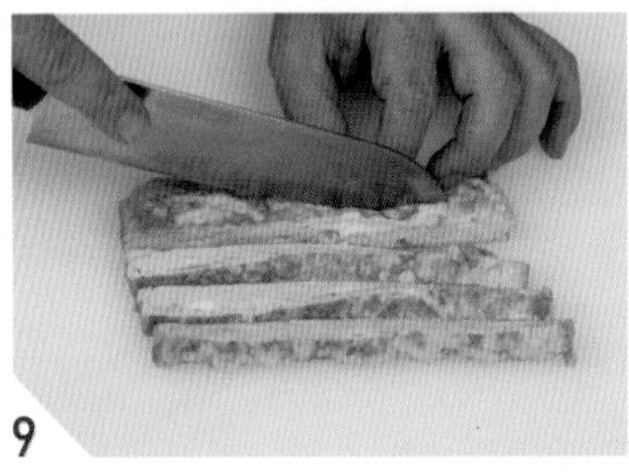

9
달걀말이는 완전히 식힌 뒤 1cm 굵기로 길게 썬다.

10
밥에 참기름, 소금과 통깨를 넣고 섞는다.

11
김발을 펼쳐놓고 김을 올린다. 김은 까칠한 면이 위쪽을 향하게 놓는다.

12
밥은 야구공만큼 잡는다. 김 1장에 올리는 밥의 양은 야구공 1개 크기의 분량이 적당하다.

13
김 위에 밥을 고르게 편다. 김 아래쪽 3~4cm 정도는 밥을 놓지 않는다.

14
밥 위에 볶은 햄을 올린다.

15
햄 앞에 단무지를 올린다. 단무지의 길이가 짧으면 다른 것을 잘라 길이를 맞춘다.

16
물기를 꼭 짠 오이를 올린다.

17
달걀말이를 올린다. 달걀말이도 길이가 짧으면 다른 것을 잘라 길이를 맞춘다.

18
당근볶음을 올린다.

19
쇠고기볶음을 올린다.

20
김에 올린 재료가 흐트러지지 않게 손가락으로 잡고, 엄지손가락으로 김발을 잡아 말아준다.

21
김발을 밖으로 빼면서 김과 재료만 눌러가며 말아준다. 밥을 놓지 않은 부분이 완전히 말리면 된다.

22
동그랗게 말아지면 된다.

23
김밥의 한쪽면에 참기름을 바른다.

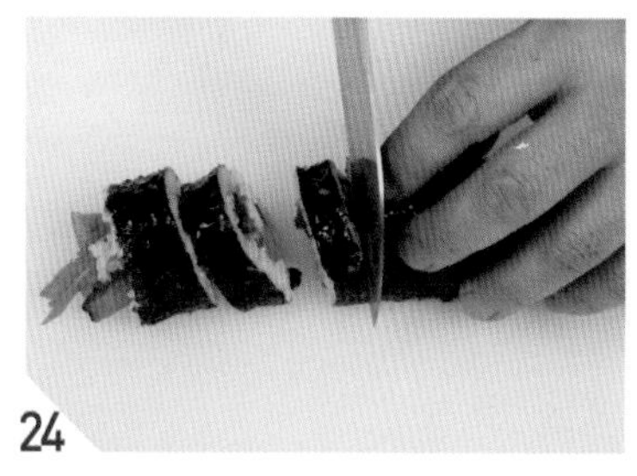

24
먹기 좋은 두께(2cm 정도)로 썬다.

김밥 속 재료는 다양하게 바꿔줄 수 있다. 오이 대신 시금치를 살짝 데쳐 참기름과 간장을 조금 넣고 무쳐서 올려도 좋고, 우엉을 간장에 조려서 넣기도 한다.
깻잎, 치즈, 마요네즈에 버무린 참치, 송송 썬 고추장아찌, 베이컨, 맛살, 간장양념을 해서 볶은 어묵, 채소샐러드, 멸치볶음, 김치볶음 등을 넣을 수 있다.
입맛에 맞고 좋아하는 재료를 넣어 다양한 맛을 낼 수 있는 것이 김밥의 매력이다.

PART 2

국물 메뉴 | 국·찌개

우리는 밥을 먹을 때, 국물이 있는 국이나 찌개를 함께 먹는다. 국은 건더기보다 국물이 많이 들어가게 끓이고, 찌개는 건더기가 많고 국물을 적게 잡아 끓인다. 일상에서 즐겨먹는 국과 찌개를 소개한다.

쇠고기의 깊은 맛과 무의 시원하고 단맛이 어우러진 고깃국이다. 쇠고기를 볶다가 무를 넣고 끓이면 쇠고기의 맛과 무의 맛이 한데 어우러지는데, 이 국은 국간장으로 간을 해야 감칠맛이 난다.

쇠고기무국

재료 (4인분)

무	400g
쇠고기(양지)	100g
대파	30g
식용유	1큰술
참기름	2큰술
물	8컵(약1,520ml)
다진 마늘	1큰술
국간장	1큰술
후춧가루	약간
꽃소금	적당량

1 무는 사방 3~4cm 크기로 납작하게 썬다.

2 쇠고기는 가늘고 납작하게 썰고, 대파는 송송 썬다.

3 냄비에 식용유와 참기름을 두르고 쇠고기를 넣어 볶는다.

4 쇠고기가 익으면 무를 넣는다.

5 쇠고기와 무를 잠시 더 볶아 무를 살짝 익힌다.

6 물을 붓고 약한불로 30분 정도 끓인다.

7 국물이 우러나면 다진 마늘과 국간장을 넣어 맛을 내고, 소금으로 부족한 간을 맞춘 뒤 대파와 후춧가루를 넣고 불을 끈다.

백종원의 Tip

쇠고기가 질긴 경우에는 고기를 볶다가 물을 붓고 20분 쯤 더 끓인 뒤 무를 넣고 끓이면 된다.
깊은 맛의 쇠고기무국을 끓이려면 쇠고기와 무를 덩어리째 넣고 푹 끓인다. 무가 먼저 익으면 건져 식힌 뒤 납작하게 썰고, 쇠고기도 국물이 충분히 우러나고 부드럽게 익으면 건져 한김 식힌 뒤 잘게 찢어 무와 함께 국물에 넣고 다시 한 번 끓여주면 된다.

술 마신 다음날, 속을 달래고 술독을 풀기 위해 먹는 음식이 해장국이다. 북어국은 대표적인 해장국으로 북어와 무를 함께 볶다가 끓이기 때문에 국물이 개운하고 구수한 것이 특징이다. 새우젓으로 간을 하면 감칠맛이 나고 깔끔해진다.

백종원의 Tip

국물을 국간장으로 간을 하면 깊은 감칠맛을 낼 수 있지만, 많이 넣으면 국물이 검게 되어 식감이 떨어진다.
새우젓도 적당히 넣어야 국물이 개운하다.
달걀을 넣고 오래 끓이면 국물이 텁텁해지므로 넣은 뒤에는 2~3초만 더 끓이고 바로 불을 꺼야 부드럽게 익는다.

북어국

재료(4인분)

북어포 ··· 40g
무 ··· 180g
두부 ··· 180g
대파 ··· 25g
달걀 ··· 1개
식용유 ··· $\frac{1}{2}$큰술
참기름 ··· $2\frac{1}{2}$큰술
물 ··· 8컵(약1,520ml)
다진 마늘 ··· 1큰술
국간장 ··· 1큰술
새우젓 ··· $\frac{1}{2}$큰술
꽃소금 ··· 적당량
후춧가루 ··· 약간

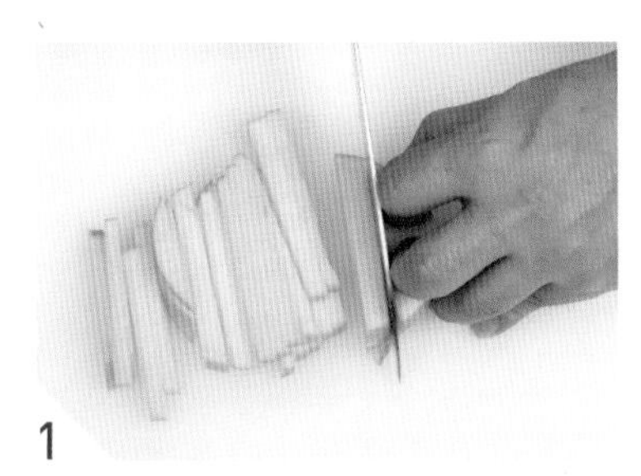

1
무는 0.5cm 굵기로 길게 채 썬다.

2
두부는 3×4cm 크기, 1cm 두께로 썰고, 대파는 동그랗게 썬다. 달걀은 풀어놓는다.

3
북어포는 물에 담갔다가 바로 건진다. 오래 담가두면 북어 맛이 빠져나가 맛이 없어진다.

4
냄비에 식용유와 참기름을 두르고 북어포를 넣어 볶다가 무를 넣어 함께 볶는다.

5
무가 익기 시작하면 물을 부어 중간불로 끓인다.

6
10~20분 정도 끓으면 다진 마늘, 국간장, 새우젓을 넣어 맛을 내고, 부족한 간은 소금으로 맞춘다.

7
두부를 넣고 끓인다. 두부를 넣고 오래 끓이면 두부가 단단해지니 국물이 다시 끓어오를 때까지만 끓인다.

8
국물이 끓으면 달걀 푼 것을 넣고 섞는다.

9
후춧가루를 뿌리고 대파를 넣고 다시 한 번 끓어오르면 불을 끈다.

미역국

생일날이면 미역국을 먹고, 아기를 낳은 산모도 미역국을 먹는 풍습이 있다. 미역국에는 요오드와 칼슘 등의 무기질과 미네랄이 풍부하여 지혈을 돕고 젖을 잘 돌게 하기 때문이다. 말린 미역을 불려 물을 붓고 끓이는데, 오래 끓일수록 깊은 맛이 난다.

재료 (4인분)

마른 미역 ························ 12g
물 ····················· 8컵(약1,520ml)
다진 마늘 ················· ½큰술
국간장 ························ 1큰술
꽃소금 ························ 적당량

1
마른 미역은 물에 담가 불린다.

2
불린 미역은 헹구어 건진 뒤 물기를 꼭 짜고 3~4cm 길이로 썬다.

3
냄비에 물을 붓고 미역을 넣어 센불에서 끓인다. 국물이 끓어오르면 중간불로 줄여 끓인다.

4
20분간 끓으면 다진 마늘을 넣는다.

5
국간장을 넣는다.

6
미역이 부드러워지면 소금으로 간을 맞춘다.

미역을 참기름에 볶다가 물을 붓고 끓이면 고소한 맛이 나고 국물도 뽀얗게 우러난다. 또 찬물에 미역과 다시마를 넣고 끓이다가 다시마를 건져내면 국물맛이 더 좋다. 미역국은 오래 끓일수록 깊은 맛이 난다. 중간불이나 약한불에서 1시간 이상 끓이면 된다.

쇠고기 미역국

쇠고기미역국은 미역에 부족한 단백질 등의 영양을 쇠고기를 넣어 보충해준 미역국이다. 쇠고기와 미역을 볶다가 물을 붓고 끓이고, 국간장으로 감칠맛을 더하고 향을 낸다.

재료 (4인분)

마른 미역 ······················· 12g
쇠고기(양지) ················· 100g
국간장 ······················· 2큰술
다진 마늘 ···················· 1큰술
참기름 ······················· 2큰술
식용유 ······················· 1큰술
물···················· 8컵(약1,520ml)
꽃소금······················· 적당량

1 미역은 물에 담가 부드럽게 불린다.

2 불린 미역은 물에 헹군 뒤 물기를 꼭 짜고 3~4cm 길이로 썬다.

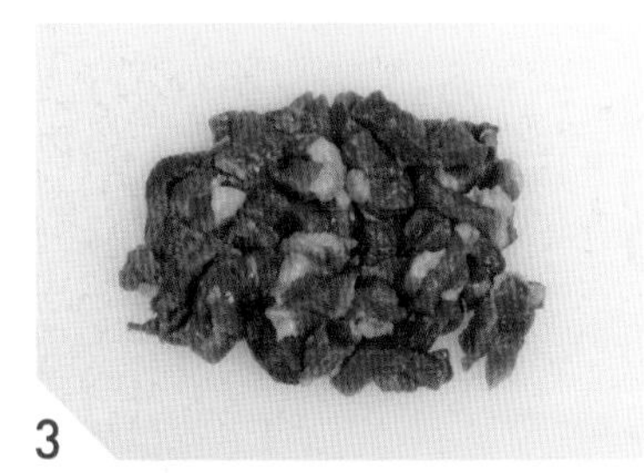

3 쇠고기는 작은 크기로 썬다.

4 냄비에 참기름과 식용유를 두르고 달군다.

5 쇠고기를 넣어 볶다가 쇠고기가 익으면 미역을 넣는다.

6 미역과 쇠고기를 함께 볶는데, 미역 색이 선명해질 때까지 볶으면 된다.

7 물을 붓고 끓인다. 처음에는 센불에 끓이다가 중간불로 줄여 30분 이상 끓인다.

8 다진 마늘과 국간장을 넣고 소금으로 간을 맞춘다. 다시 끓으면 불을 끈다.

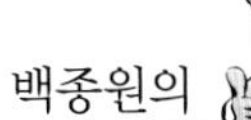

백종원의 Tip

전통적인 쇠고기미역국은 쇠고기를 덩어리째 끓여 국물이 충분히 우러나고 익으면 쇠고기는 건지고, 그 국물에 불린 미역을 넣어 끓이는 것이다. 익은 쇠고기도 잘게 찢어 넣고 미역과 함께 폭폭 끓이는데, 보다 깊고 진한 쇠고기미역국이 된다.

탕은 소금으로 간을 한 맑은 국으로, 갈비탕은 갈비를 넣고 맑게 끓인 국이다. 갈비탕을 끓일 때는 갈비의 핏물을 빼고 끓는 물에 한 번 데친 뒤 탕을 끓여야 국물이 깔끔하게 우러난다. 무를 넣으면 국물맛이 좋아진다.

갈비탕

재료 (4인분)

- 소갈비 ······ 900g
- 무 ······ 300g
- 다시마 ······ 10g
- 대파 ······ 1대
- 물 ······ 4L
- 다진 마늘 ······ 1큰술
- 국간장 ······ 5큰술
- 꽃소금 ······ 적당량
- 송송 썬 대파 ······ 적당량
- 후춧가루 ······ 약간

1 갈비는 4~5cm 정도 길이로 먹기 좋게 한 쪽씩 자른다.

2 갈비는 찬물에 2시간 담가 핏물을 뺀다. 중간에 물을 갈아주고, 핏물이 빠지면 씻어 건진다.

3 큰 냄비에 물을 끓이다가 갈비를 넣고 물이 다시 끓으면 건진다.

4 큰 냄비에 갈비, 무, 다시마, 대파를 담는다.

5 갈비를 담은 냄비에 찬물 4L를 붓는다.

6 국간장으로 1차 간을 해서 센불로 끓인다.

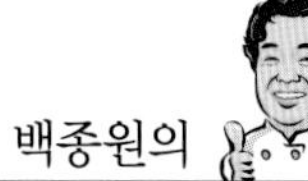

갈비탕을 끓이기 시작할 때 국간장과 소금으로 간을 해주면 끓이는 동안 갈비살에 간이 배어 고기맛이 좋아진다. 무는 속까지 무르게 익으면 건져서 식힌 뒤 썰어서 갈비탕을 낼 때 국물에 넣는다. 무를 마지막까지 끓이면 너무 익어서 국물이 지저분해진다.

풀을 먹여 키운 소의 고기와 사료를 먹여 키운 소의 고기는 육질이 다르기 때문에 끓이는 시간을 조절해서 고기가 연할 때까지 익힌다.
특히 뼈와 살이 분리되지 않도록 끓이면서 수시로 체크해야 한다.

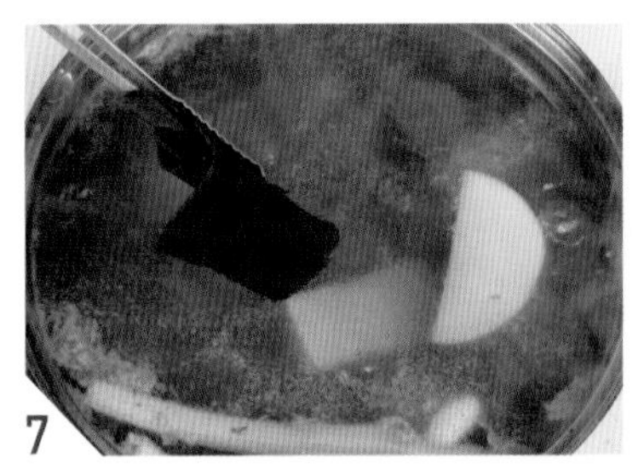
7
국물이 끓기 시작하면 다시마를 건져내고 1시간 30분을 더 끓인다.

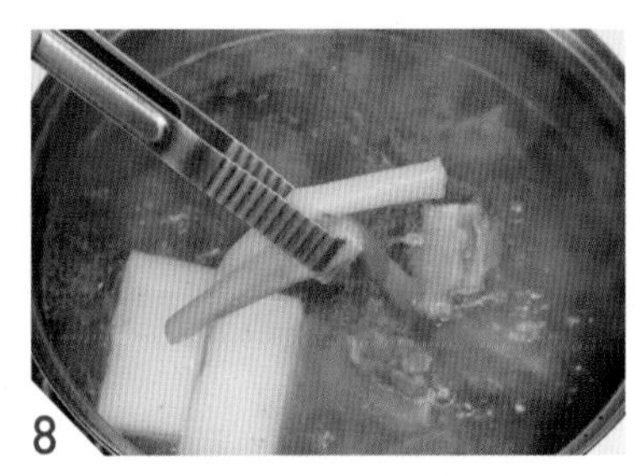
8
대파가 완전히 익으면 건져낸다.

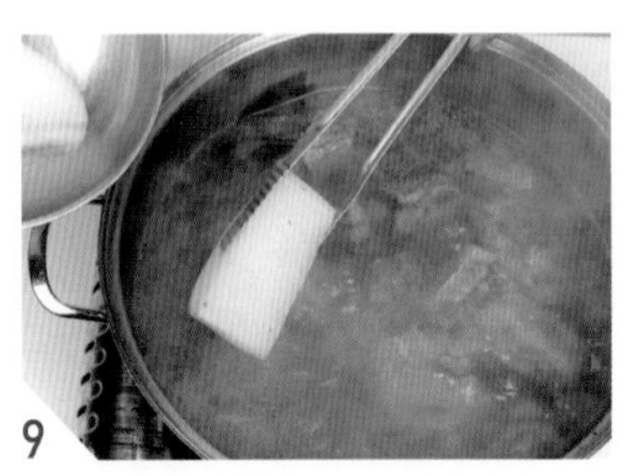
9
무가 익으면 건져서 식힌다.

10
갈비탕을 끓이면서 떠오르는 거품이나 기름기를 건져낸다. 이렇게 해야 국물이 깔끔하다.

11
다진 마늘을 넣고 10분 더 끓인 뒤 불을 끈다.

12
소금으로 간을 맞춘다.

13
무는 3×4cm 크기, 0.5cm 두께로 썬다.

14
그릇에 무와 갈비를 담고 갈비탕 국물을 뜨겁게 데워 담는다. 후춧가루를 조금 뿌리고 썰어 놓은 대파를 올려낸다.

된장찌개는 밥상에 자주 오르는 메뉴로, 가장 즐겨먹고 좋아하는 음식이다. 멸치된장찌개는 쌀뜨물에 멸치를 넣고 끓이면 멸치의 감칠맛과 된장의 구수한 맛이 조화를 이루는데, 여기에 호박, 감자 등의 채소와 두부를 넣는다.

멸치된장찌개

재료 (4인분)

국물용 멸치	20g
두부	80g
주키니 호박(또는 애호박)	30g
감자	30g
무	50g
양파	40g
대파	30g
청양고추	20g
홍고추	10g
쌀뜨물	2컵(약380ml)
된장	100g
다진 마늘	½큰술

백종원의 Tip

된장찌개를 끓일 때 쌀뜨물(쌀 씻은 물)을 넣으면 국물이 구수해진다. 쌀에 물을 붓고 가볍게 헹군 뒤 물을 따라내고, 다시 물을 붓고 쌀을 비벼 가며 씻은 물을 받아 쓴다.
멸치와 무는 쌀뜨물에 처음부터 넣고, 끓기 시작하면 된장을 풀어야 떫은맛이 나지 않는다. 된장찌개는 약한 불로 오래 끓여야 깊은 맛이 난다.

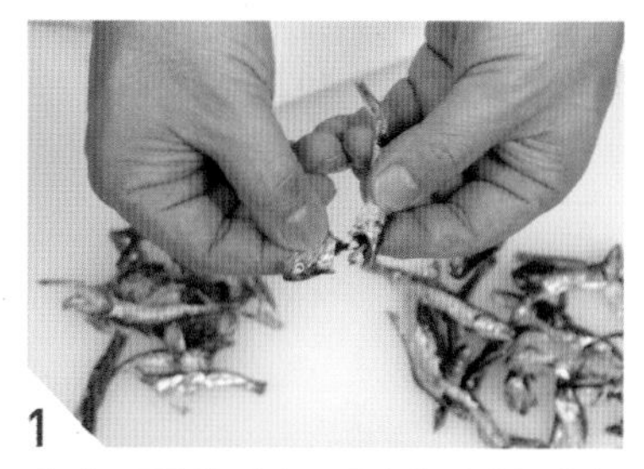

1 멸치는 국물용 멸치로 준비해 머리를 뗀다.

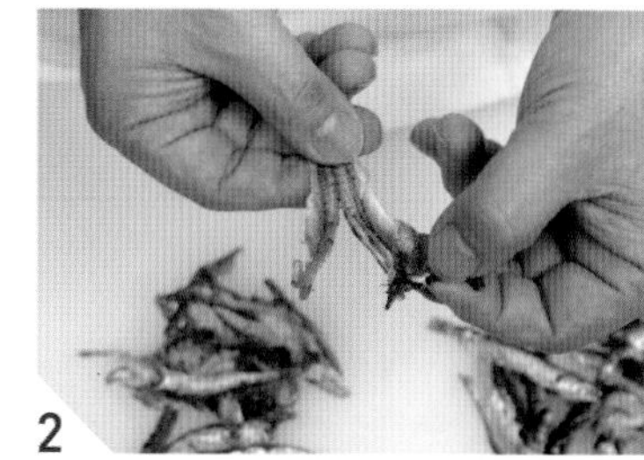

2 배를 가르고 검은 내장을 빼낸다.

3 두부, 호박, 감자는 주사위 모양으로 썰고, 무와 양파는 2×2cm 크기로 썰고, 청양고추, 홍고추, 대파는 동그랗게 썬다.

4 뚝배기를 불에 올리고 쌀뜨물을 붓고 멸치를 넣는다.

5 무를 넣어 멸치와 함께 끓인다.

6 국물이 끓으면 된장을 풀고 10분 정도 끓인다.

7 감자를 넣고 5분 정도 더 끓인다.

8 채소와 두부를 넣고 다진 마늘을 넣어 잠시 더 끓이다가 불을 끈다.

쇠고기된장찌개는 쇠고기와 된장으로 맛을 내는 찌개이다. 쇠고기를 볶다가 물이나 쌀뜨물을 붓고 된장을 풀어 끓이면 쇠고기의 맛과 된장의 맛이 조화를 이룬다. 쇠고기는 어느 부위를 써도 좋은데, 기름기가 있는 부위가 더 맛있다.

쇠고기 된장찌개

재료 (4인분)

쇠고기 ························ 60g
두부 ························ 80g
주키니 호박(또는 애호박)······30g
무 ························ 50g
양파 ························ 40g
대파 ························ 30g
청양고추 ························ 20g
홍고추 ························ 10g
쌀뜨물 ············· 2컵(약380ml)
된장························ 100g
굵은 고춧가루 ··········· $\frac{1}{3}$큰술
다진 마늘 ················· $\frac{1}{2}$큰술

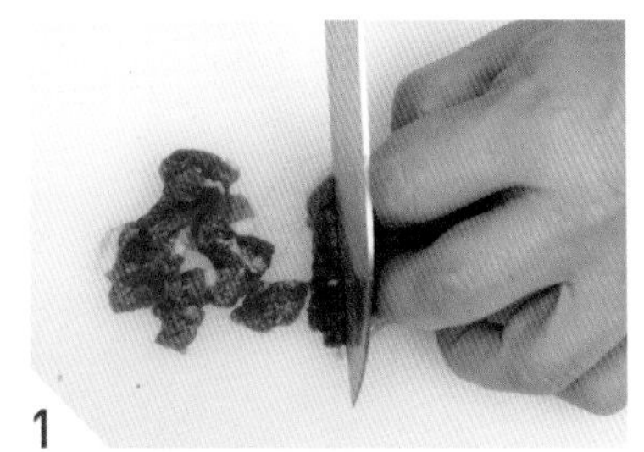

1 쇠고기는 작은 크기로 얇게 썬다.

2 두부, 호박은 주사위 모양으로 썰고, 무와 양파는 2×2cm 크기로 썰고, 청양고추, 홍고추, 대파는 동그랗게 썬다.

3 뚝배기에 쇠고기를 넣고 볶는다.

4 쇠고기가 익으면 쌀뜨물을 붓는다.

5 무를 넣어 끓인다.

6 된장을 풀고 10분간 끓인다.

7 채소를 넣고 5분 정도 끓이다가 두부를 넣는다.

8 국물이 다시 끓으면 고춧가루와 다진 마늘을 넣고 저어준 후 끓이다가 불을 끈다.

백종원의  Tip

된장찌개에 넣는 재료는 계절 재료를 다양하게 넣어 맛을 낼 수 있는데, 멸치나 쇠고기 대신 조개를 넣으면 개운한 감칠맛이 나고 마른 새우를 넣으면 고소한 맛이 난다.
봄에는 달래나 냉이를 넣으면 향긋한 맛이 나고, 가을에는 표고버섯이나 느타리버섯을 넣어도 좋다.

순두부는 콩을 갈아만드는 두부 중에서 부드럽게 만든 것이다. 순두부찌개는 순두부에 해물, 돼지고기, 김치 등을 넣고 얼큰하게 양념해서 끓이는 찌개이다. 뚝배기에 단시간에 끓여야 두부가 단단해지지 않고, 따뜻하게 먹을 수 있다.

순두부 찌개

재료 (1인분)

순두부 ··········· 1컵(200g)
다진 돼지고기 ··········· 30g
양파 ··········· 20g
대파 ··········· 조금(14g)
물 ··········· 1컵(약190ml)
바지락 ··········· 5개
고운 고춧가루 ··········· ½큰술
다진 마늘 ··········· ½큰술
참기름 ··········· 1½큰술
간장 ··········· 1큰술
꽃소금 ··········· ⅔작은술
설탕 ··········· ½작은술
쪽파 ··········· 조금(6g, 1큰술)
달걀 ··········· 1개
후춧가루 ··········· 약간

백종원의   Tip

순두부찌개를 끓일 때, 신김치를 넣어도 좋다. 김치를 송송 썰어놓았다가 돼지고기와 양파를 볶을 때 넣어주면 김치 특유의 맛이 고기에도 배고 국물에도 우러나 깊은 맛이 난다.
또한 순두부찌개는 고춧가루를 넣지 않고 담백하게 끓이기도 하는데, 이때는 간장과 소금으로만 간을 한다.

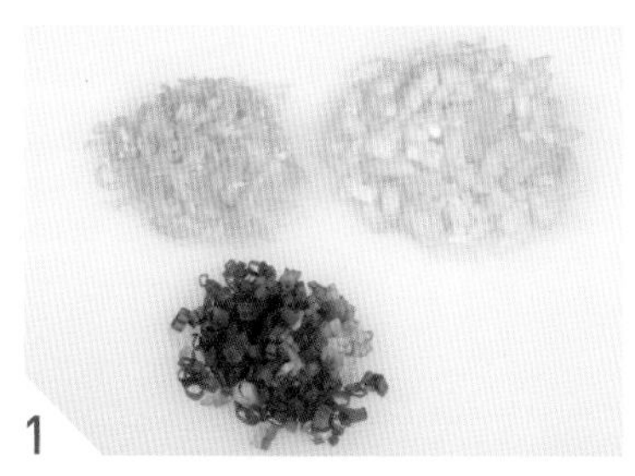
1 쪽파는 얇고 동그랗게 썰고, 양파는 잘게 썬다. 대파는 반으로 갈라 작게 썬다.

2 뚝배기를 달군 뒤 참기름 1½큰술을 두르고 다진 돼지고기를 볶는다.

3 돼지고기가 익으면 대파, 양파를 넣고 함께 볶는다.

4 간장을 넣고 섞어 색을 낸다.

5 물을 붓고 끓인다.

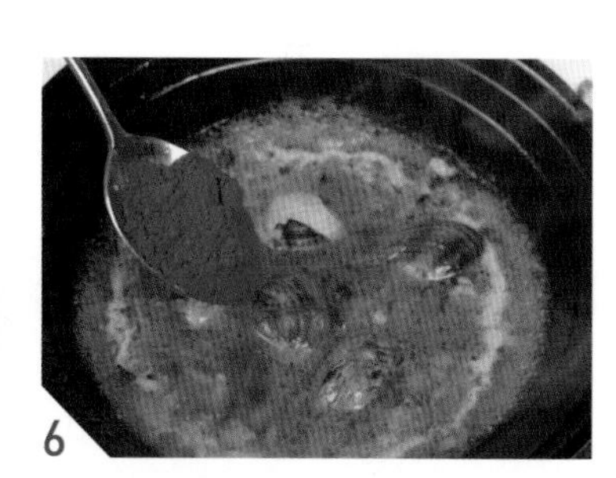
6 바지락, 소금, 설탕, 고춧가루를 넣고 끓인다.

7 다진 마늘을 넣고 순두부를 숟가락으로 큼직하게 떠 넣는다.

8 달걀을 깨뜨려 넣고 쪽파와 후춧가루를 뿌린다.

김치에 두부와 돼지고기를 넣고 끓인 찌개로, 된장찌개와 함께 가장 인기 있는 찌개이다. 돼지고기를 넣을 때는 새우젓으로 간을 해주면 느끼한 맛이 없고 개운한 김치찌개가 된다.

돼지고기 김치찌개

재료 (2인분)

신김치 ··························· 150g
돼지고기 ························ 120g
(목살 또는 삼겹살)
두부 ···················· 100g(1/5모)
양파 ····························· 100g
대파 ······························· 30g
풋고추 ···························· 10g
쌀뜨물 ·············· 2컵(약380ml)
다진 마늘 ····················· 1큰술
굵은 고춧가루 ··············· 2큰술
국간장 ························· 2큰술
새우젓 ························· 1큰술

1 돼지고기는 삼겹살이나 목살로 준비해 작은 크기로 썬다.

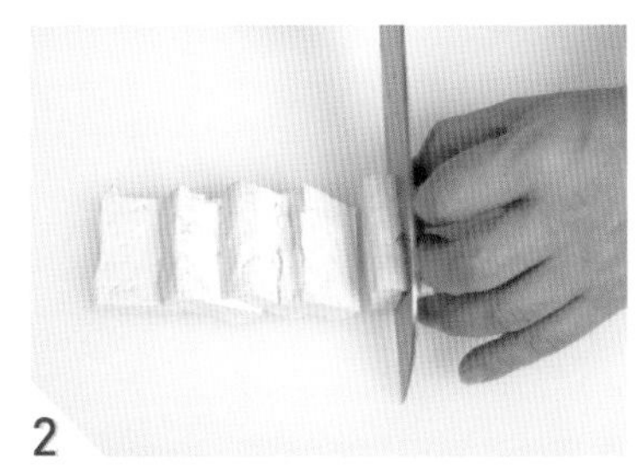

2 두부는 물에 씻은 뒤 3×4cm 크기, 1cm 두께로 썬다.

3 양파는 굵게 채 썰고, 대파와 풋고추는 어슷하게 썬다.

4 냄비에 김치, 돼지고기, 두부, 양파, 대파, 풋고추를 담는다.

5 쌀뜨물을 냄비 가장자리로 붓는다.

6 다진 마늘, 굵은 고춧가루, 국간장, 새우젓을 넣은 뒤 냄비를 불에 올려 돼지고기가 익게 10분 정도 끓인다.

찌개용 김치는 잘 익은 김치나 살짝 신김치를 사용해야 맛이 더 좋다. 김치의 속을 털어내고 물기를 살짝 짜서 넣는다. 찌개용 국물은 쌀뜨물을 쓰면 찌개맛이 구수해진다. 물을 넣어도 된다. 돼지고기는 목살이나 삼겹살, 앞다리살 등 어느 부위를 넣어도 좋지만, 기름기가 있는 부위를 넣으면 더 맛있다. 김치찌개는 오래 끓이면 김치가 푹 익어 깊은 맛이 나고, 10분 정도 끓이면 개운한 맛이 난다. 끓이는 시간은 기호에 따라 조절한다.

통조림 참치를 이용한 김치찌개로, 김치의 얼큰한 맛과 참치의 고소한 맛이 어울리게 끓인다. 신김치를 써야 찌개맛이 깊고, 참치통조림에 남아있는 기름을 함께 넣어야 참치맛이 진하게 우러난다. 김치가 숨이 죽을 정도로만 익혀야 맛이 좋다.

참치 김치찌개

재료 (2인분)

참치캔 ········ ½캔(75g)
신김치 ········ 150g
두부 ········ 100g(1/5모)
양파 ········ 100g
대파 ········ 30g
풋고추 ········ 10g
설탕 ········ ⅓큰술
다진 마늘 ········ 1큰술
굵은 고춧가루 ········ 2큰술
국간장 ········ 2큰술
쌀뜨물 ········ 2컵(약380ml)

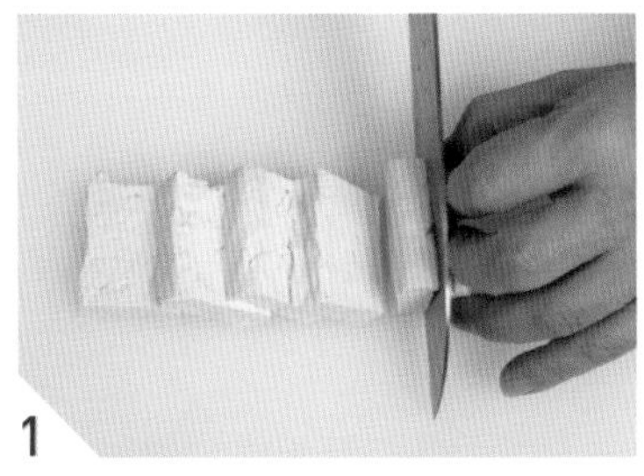

1 두부는 3×4cm 크기, 1cm 두께로 썬다.

2 양파는 굵게 채 썰고, 대파와 풋고추는 어슷하게 썬다.

3 냄비에 김치와 두부, 양파, 대파, 풋고추를 돌려담고 가운데 참치살을 넣는다.

4 가장자리로 쌀뜨물을 붓고, 굵은 고춧가루, 다진 마늘, 국간장, 설탕을 넣는다. 불에 올려 10분 정도 끓인다.

김치찌개는 김치와 함께 들어가는 재료에 따라 다양한 맛을 낼 수 있다. 참치캔 대신에 꽁치나 고등어 통조림, 스팸 등을 넣어도 별미 김치찌개가 된다. 채소는 양파 외에도 버섯, 무, 호박 등을 넣어도 좋다.
김치찌개에 고춧가루를 넣어 매운맛을 더하는데, 고춧가루의 양은 기호에 맞게 넣으면 된다. 김치를 식용유와 참치기름에 볶다가 채소를 넣고 물을 부어 끓이면 찌개를 끓이는 시간을 줄일 수 있다.

육개장은 여름철에는 땀을 흘리며 먹는 보양식이고, 겨울에는 몸을 따뜻하게 데워주는 영양식이다. 쇠고기를 삶아 낸 국물에 쇠고기와 고사리, 숙주, 대파 등을 넣어 얼큰하게 끓이는데, 건더기가 많은 것이 특징이다.

육개장

재료 (2인분)

쇠고기(양지)········ 120g(물 1.5L)
고사리 ·························· 60g
대파······························ 160g
숙주······························ 140g
참기름 ························ 2큰술
식용유 ························ 1큰술
고춧가루 ················· $1\frac{1}{2}$큰술
다진 마늘 ····················· 1큰술
국간장 ························ 3큰술
후춧가루························ 약간
꽃소금························ 적당량
달걀 ····························· 1개

1
쇠고기에 물을 붓고 중간 불로 45~50분 끓여 고기를 삶는다. 삶은 고기는 건져 식히고, 국물은 따로 놓아둔다.

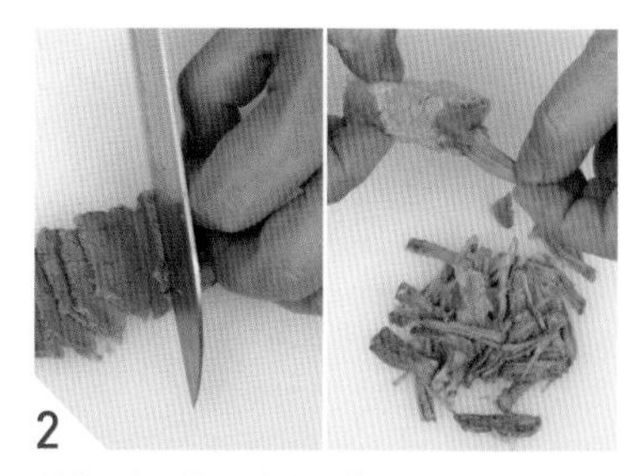

2
삶은 쇠고기는 먹기 좋은 크기로 얇게 썰거나 잘게 찢는다.

3
고사리는 불린 것으로 준비해 깨끗이 씻어 물기를 짠다. 지저분한 것을 떼어내고 4~5cm 길이로 썬다.

4
대파는 반 갈라 4~5cm 길이로 썰고, 숙주는 씻어 물기를 뺀다.

5
달군 냄비에 참기름과 식용유를 두른다.

6
대파를 넣어 대파향이 기름에 배게 볶는다.

백종원의 Tip

육개장은 양을 넉넉하게 해서 끓여야 맛있고, 국물보다 건더기를 많이 해서 먹는 국이다. 쇠고기는 양지머리 외에도 사태를 쓰기고 하며, 소의 양이나 곱창을 넣기도 한다.
쇠고기를 삶을 때는 양파, 대파를 넣어 끓이면 국물이 한결 깔끔하며, 양이나 곱창을 넣으려면 기름기를 떼고 깨끗이 손질해 쇠고기와 함께 삶아 쓰면 된다.
간편하게 하려고 식용유와 참기름에 채소와 고춧가루를 볶아 얼큰한 맛을 내었지만, 쇠고기에 직접 고춧가루와 갖은 양념을 해서 쇠고기국물에 채소와 함께 넣고 끓이기도 한다.
쇠고기 대신 닭으로 국물을 내고, 닭살을 쓰면 닭개장이 된다.

육개장은 우리 고유의 잔치음식이기 때문에 대량으로 끓여야 맛이 좋다.
대량으로 끓일 때와 소량으로 집에서 끓일 때의 맛의 차이가 날 수밖에 없다.
대량으로 끓이면 각각 재료의 맛이 어울려 더욱 구수하고 진한 육개장 본연의 맛이 난다.

7 대파향이 나면 고사리와 숙주를 넣어 볶는다.

8 고춧가루를 넣는다.

9 고춧가루와 채소를 섞어가며 볶아 채소에 식용유와 고춧가루가 고루 묻게 한다.

10 볶던 재료에 ①의 쇠고기 삶은 국물을 붓는다.

11 ②의 쇠고기를 넣고 끓인다.

12 국물이 끓기 시작하면 다진 마늘을 넣는다.

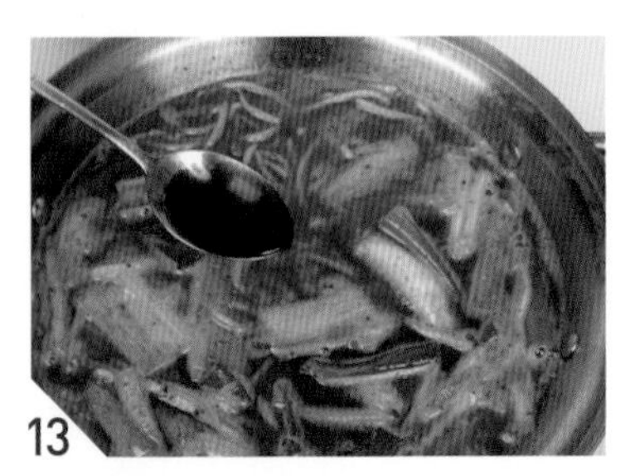

13 국간장을 넣어 간을 한다.

14 후춧가루를 뿌리고 소금으로 간을 맞춘다.

15 달걀을 풀어놓았다가 육개장에 넣고 불을 끈다.

PART 3

일품 메뉴 | 초대요리·술안주

일품요리는 밥상이 푸짐해지고 폼 나는 메뉴이다. 밥상에 자주 오르는 근사한 메뉴, 명절이나 손님초대에 빠지지 않는 메뉴, 술안주로도 인기 있는 메뉴를 소개한다. 다양한 재료가 들어가기 때문에 맛과 영양이 뛰어난 음식들이다.

대표적인 고기요리로 얇게 썬 쇠고기와 채소를 양념해 볶아 먹는 음식이다. 쇠고기를 얇게 썰어 양념에 재워 맛을 들이는 게 포인트. 손님초대 요리로도 푸짐한 일상 요리로도 인기가 많다.

불고기

재료(4인분)

쇠고기(등심) ··················500g
양파 ·····························120g
표고버섯 ························30g
대파 ·····························30g
홍고추·····························10g
설탕·························$2\frac{1}{2}$큰술
물엿 ····························1큰술
양파 간 것···············2큰술(20g)
다진 마늘 ····················1큰술
간장·····························6큰술
후춧가루 ·······················약간
참기름··························3큰술

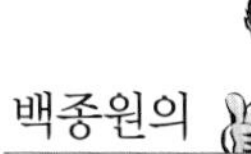

백종원의 Tip

불고기는 식탁에서 직접 구워가며 먹으면 더 맛있다. 휴대용 가스레인지에 팬이나 고기 굽는 불판을 올리고 불고기를 적당히 덜어놓고 볶아가면서 먹으면 된다.
불고기를 맛있게 구우려면 센 불에서 재빨리, 쇠고기는 완전히 익고 채소는 살짝만 익을 정도로 구워야 한다. 채소가 너무 익으면 물이 생겨 질퍽이게 된다.
불고기용은 쇠고기의 등심부위를 쓰면 된다.

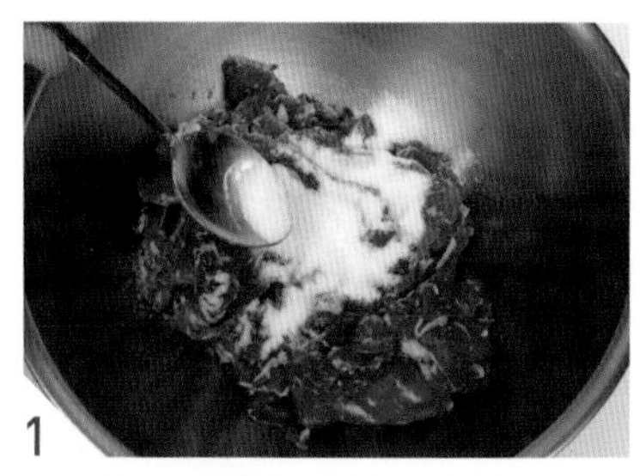

1 쇠고기는 불고깃감으로 얇게 썬 것으로 준비해 설탕과 물엿을 넣는다.

2 쇠고기를 주물러 20분간 잰다.

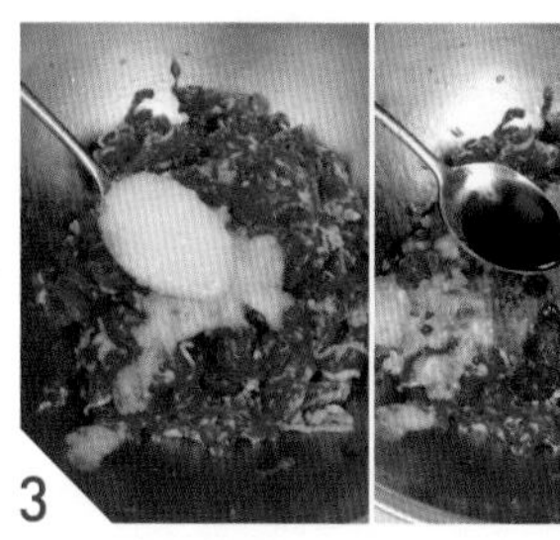

3 쇠고기에 양파 간 것과 다진 마늘, 간장, 후춧가루를 넣는다.

4 다시 주물러 쇠고기에 양념이 스며들게 한다. 이렇게 해야 쇠고기가 부드러워지고 양념이 배어 맛이 좋아진다.

5 참기름 1큰술을 넣고 다시 한 번 주물러 10분 정도 둔다.

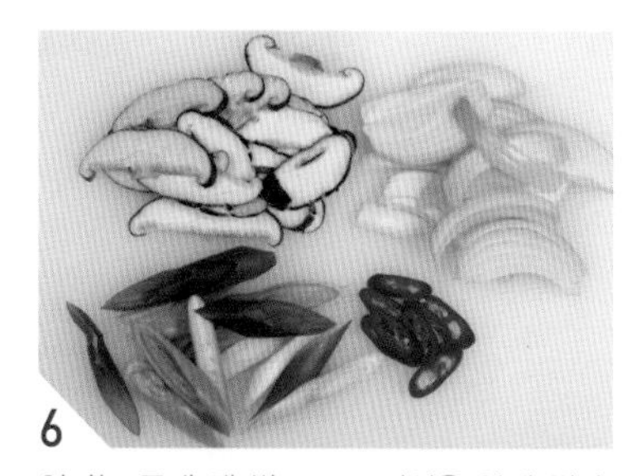

6 양파는 굵게 채 썰고, 표고버섯은 얇게 썬다. 대파와 홍고추는 어슷하게 썬다.

7 쇠고기에 채소, 참기름 2큰술을 넣고 섞는다.

8 팬을 뜨겁게 달군 뒤 쇠고기와 채소를 넣고 볶는다.

찜은 고기나 생선, 채소 등에 갖은 양념을 하여 국물이 거의 없어지게 끓이는 음식이다. 쇠꼬리찜은 한국인이 특히 좋아하는 원기회복용 고급 보양요리로, 쇠꼬리와 채소가 어우러진 맛이 일품이다.

쇠꼬리찜

재료 (4인분)

쇠꼬리 ··· 1kg
무 ··· 200g
당근 ··· 90g
표고버섯 ··· 40g
양파 ··· 100g(+양파 1개)
마늘 ··· 100g
대추 ··· 5개
대파 ··· 100g(+대파 1대)
생강 ··· 30g
청양고추 ··· 20g
홍고추 ··· 20g
은행 ··· 5개
밤 ··· 4개
간장 ··· 1컵(약190ml)
설탕 ··· 1컵(170g)
통깨 ··· 약간
후춧가루 ··· 약간
물 ··· 11컵(약2,090ml)

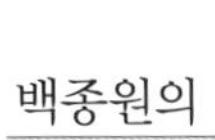

백종원의 Tip

쇠꼬리찜은 오랜 시간 찜을 하기 때문에 채소가 너무 익어 부서지기 쉽다. 무와 당근은 모서리를 둥글게 다듬는다. 이렇게 하면 찜을 하는 동안 가장자리가 부서져 찜이 지저분해지는 것을 막을 수 있다.

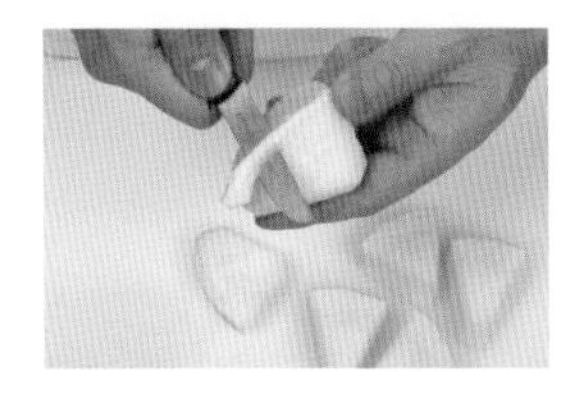

1 쇠꼬리는 깨끗이 씻은 뒤 물에 2시간 정도 담가 핏물을 뺀다. 핏물을 빼야 찜이 깔끔하게 되고 양념이 잘 밴다.

2 무는 3cm 두께의 삼각형으로 썰고, 당근도 3cm 두께로 썬다. 표고버섯과 양파는 6등분한다. 대파, 청양고추와 홍고추는 큼직하게 토막내고 생강은 얇게 썬다.

3 쇠꼬리는 팔팔 끓는 물에 넣고 3~5분 정도 삶은 뒤 체로 건져 찬물에 헹군다. 쇠꼬리를 미리 삶아야 누린내가 나지 않는다.

4 냄비에 쇠꼬리를 담고 생강과 양파 1개, 남은 대파 1대를 넣고 간장, 설탕, 후춧가루, 물을 넣어 끓이기 시작한다.

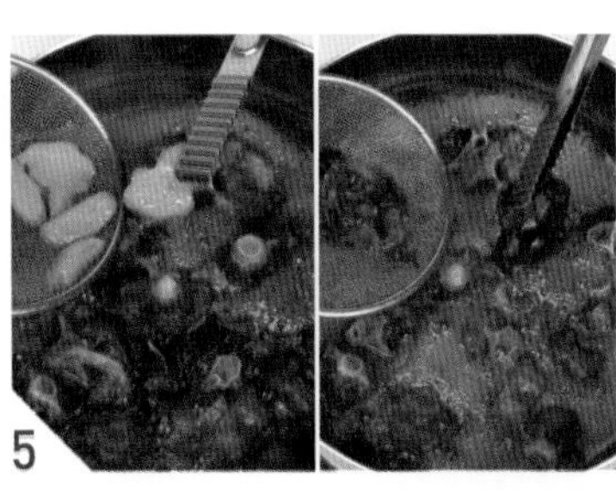

5 쇠꼬리찜이 끓기 시작해서 30분 정도 지나면 생강을 건지고, 1시간 지나면 대파를 건진다.

6 무, 당근, 표고버섯, 마늘, 밤, 대추를 넣고 끓인다. 이때 불은 중약불로 줄인다.

7 밤이 반쯤 익으면 나머지 채소(양파, 대파, 청양고추, 홍고추, 은행)를 넣는다.

8 채소가 반쯤 익으면 통깨를 섞고 불은 끈다. ④의 과정부터 완성까지 1시간 40분 정도 걸린다.

명절날이면 빠지지 않고 상에 오르는 음식이 탕평채다. 탕평채는 '어느 한쪽으로 치우침 없이 고르다' 는 뜻을 지닌 '탕탕평평'에서 유래한 이름으로, 흰색, 검은색, 초록색, 붉은색, 황색의 5가지 색의 재료가 골고루 들어가며 이는 오복을 상징한다.

탕평채

재료 (4인분)

청포묵 ····················1모(380g)
쇠고기 ························80g
(간장 3큰술+다진 마늘 $\frac{2}{3}$큰술+설탕 $1\frac{1}{2}$큰술+후춧가루 약간)
미나리 ···············25g(4줄기)
당근 ·····························40g
달걀·······························2개
생김·······························1장
깨소금 ······················$\frac{1}{3}$큰술
참기름 ······················$\frac{1}{2}$큰술

백종원의 Tip

청포묵은 녹두로 만든 묵으로 구입하면 굳어 있어서 데쳐서 사용해야 한다. 끓는 물에 넣고 묵의 가장자리가 반투명이 될 정도로 3~5분 정도 데친 뒤 찬물에 헹궈 물기를 빼고 채 썬다.
묵이 말랑말랑해서 써는 것이 어렵다면 미리 채 썬 뒤 끓는 물에 데쳐 찬물에 헹군 뒤 체에 밭쳐 물기를 빼고 써도 된다.

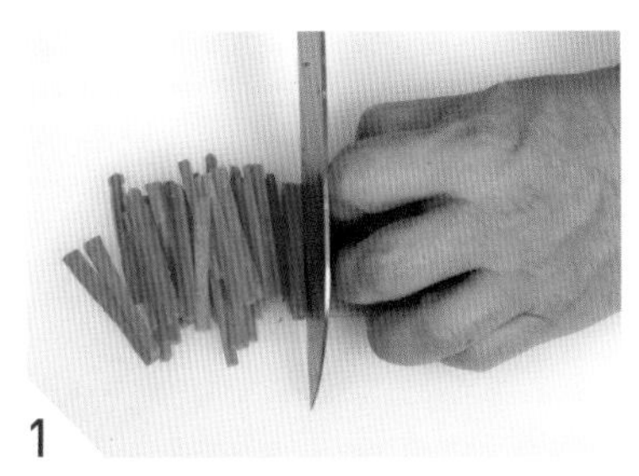

1 당근은 4~5cm 길이로 가늘게 채 썬다.

2 미나리는 잎을 떼고 줄기만 끓는 물에 10~20초간 넣었다가 찬물에 헹군 뒤 물기를 꼭 짜고 4~5cm 길이로 썬다.

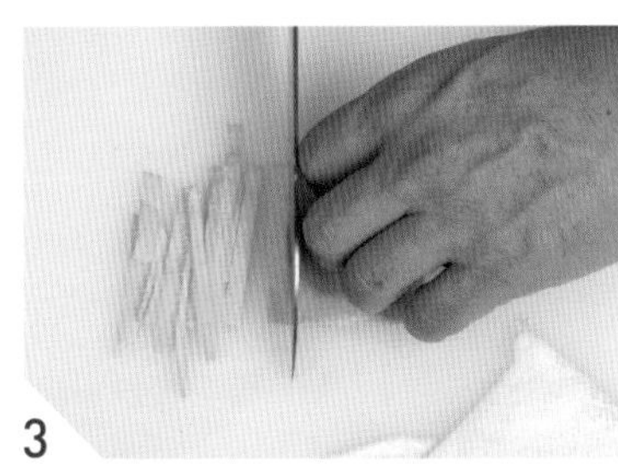

3 달걀은 흰자와 노른자로 나눠 얇게 지단을 부친다. 지단이 완전히 식으면 4~5cm 길이로 가늘게 채 썬다.

4 김은 구운 뒤 비닐봉지에 넣고 잘게 부순다.

5 쇠고기는 5~6cm 길이로 가늘게 채 썬 뒤 팬에 넣고 간장, 다진 마늘, 설탕, 후춧가루를 넣어 볶는다.

6 청포묵은 끓는 물에 넣어 5분간 데친 뒤 찬물에 헹궈 굵게 채 썬다.

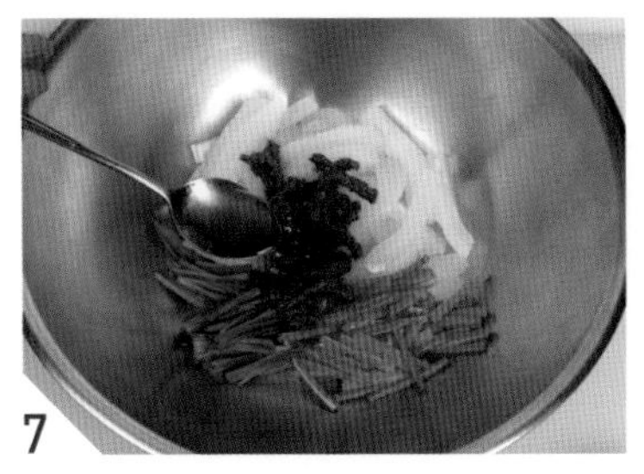

7 넓은 그릇에 청포묵, 당근, 미나리, 쇠고기를 담고 참기름을 넣는다.

8 청포묵이 부서지지 않게 섞은 뒤 그릇에 담고 달걀지단, 부순 김, 깨소금을 고명으로 올린다.

잡채는 잔칫상, 손님초대상 등 즐거운 날에 빠지지 않는 단골메뉴이다. 고구마 전분으로 만든 당면에 여러 가지 채소와 고기를 볶아 간장, 참기름 등으로 맛있게 섞어내는 음식이다. 여러 가지 재료가 들어가 색감이 화려하고 풍미가 좋으며, 영양도 풍부하다.

잡채

재료 (4인분)

당면 ······························300g
표고버섯 ······70g(식용유 2큰술)
당근 ············70g(식용유 1큰술)
양파 ······························150g
(식용유 2큰술+후춧가루 약간)
대파 ············80g(식용유 1큰술)
돼지고기 ························130g
(식용유 2큰술+간장 7큰술+다진 마늘 2큰술+설탕 3큰술+캐러멜 1작은술+후춧가루 약간+참기름 1큰술)
시금치 ···························120g
(물 1.5ℓ +꽃소금 1작은술)
참기름···························2큰술
달걀지단 ··················1개 분량
통깨 ·······························약간

1
미지근한 물에 당면을 담가 30~40분 정도 불린다.

2
표고버섯은 얇게 썰고, 당근과 양파는 채 썬다. 대파는 어슷하게 썬다.

3
표고버섯은 달군 팬에 식용유 2큰술을 두르고 볶는다.

4
당근은 식용유 1큰술을 두르고 살짝 볶는다. 대파도 식용유 1큰술을 두르고 같은 방법으로 볶는다.

5
양파는 식용유 2큰술을 두르고 후춧가루를 뿌려 반쯤 익게 볶는다.

6
돼지고기는 가늘게 채 썰어 식용유 3큰술을 두른 팬에 볶는다.

7
볶던 돼지고기에 간장, 다진 마늘, 설탕, 캐러멜, 후춧가루를 넣고 국물이 졸아들고 갈색이 나게 볶은 뒤 참기름 1큰술을 섞는다.

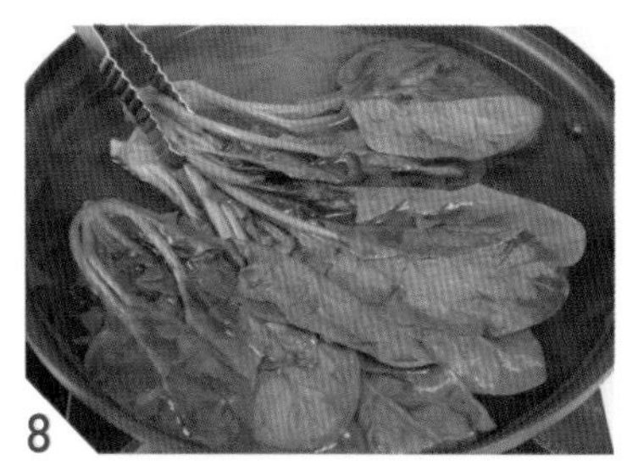

8
끓는 물에 소금을 넣고 시금치를 넣어 20~30초만 데친 뒤 찬물에 헹궈 물기를 짜고 3등분한다.

9
볶은 채소는 접시에 담아 식히고, 볶은 돼지고기는 국물과 함께 담아 놓고, 시금치도 준비한다.

10
불린 당면은 끓는 물에 넣고 6분간 삶은 뒤 체에 밭쳐 물기를 뺀다. 삶은 당면은 찬물에 헹구지 않으며, 식으면 먹기 좋게 3~4번 잘라준다.

11
넓은 그릇에 당면과 채소, 볶은 돼지고기를 담고 참기름을 넣고 섞는다.

12
당면과 채소가 섞이면 그릇에 담고 달걀지단, 통깨를 올린다.

백종원의 

잡채는 보통 돼지고기 밑간만 살짝 해서 볶은 뒤 나머지 재료와 함께 무칠 때, 간장과 참기름 등의 양념을 넣는 것이 일반적이다. 여기에서는 돼지고기와 잡채에 필요한 양념을 모두 넣고 조리듯이 볶아서 그것으로 잡채 전체의 양념이 되도록 했다.
돼지고기볶음을 할 때 보통 캐러멜로 색을 낸다.

Paik Jong Won
The Born

낙지볶음은 매운맛을 좋아하는 사람들이 즐겨먹는 요리로, 술안주로, 푸짐한 반찬으로 인기가 많다. 특히 낙지는 칼로리가 낮으면서 스태미너에 좋고, 콜레스테롤을 억제하는 건강식품인데, 채소를 더해서 영양적으로도 훌륭한 요리이다.

낙지볶음

재료 (4인분)

낙지 ·························· 400g
주키니 호박(또는 애호박) ···140g
당근 ···························· 60g
양파···························· 140g
대파···························· 120g
청양고추 ······················ 40g
식용유 ······················ 4큰술
다진 마늘···················· 2큰술
간장························· 10큰술
설탕 ························ 4큰술
굵은 고춧가루············· 3큰술
고추장 ······················ 1큰술
후춧가루······················ 약간
물 ··················· $\frac{1}{3}$컵(약65ml)
참기름 ······················ 2큰술

1 호박, 당근은 반달 모양으로 얇게 썰고, 양파는 3×3cm 크기로 썬다. 대파는 3cm 길이로 토막내고, 청양고추는 굵게 토막낸다.

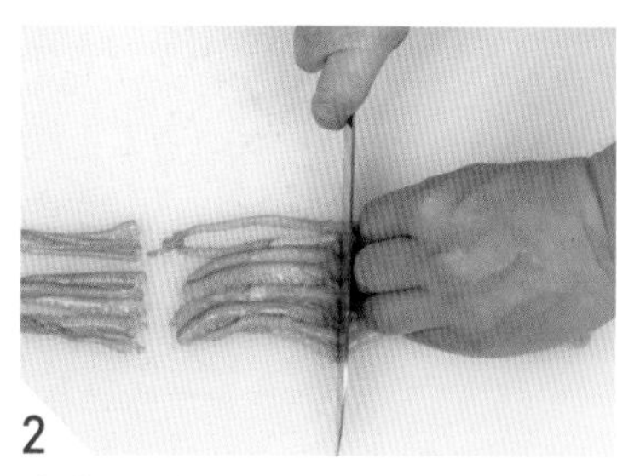

2 낙지는 손질해 물에 헹군 뒤 6~7cm 길이로 썬다.

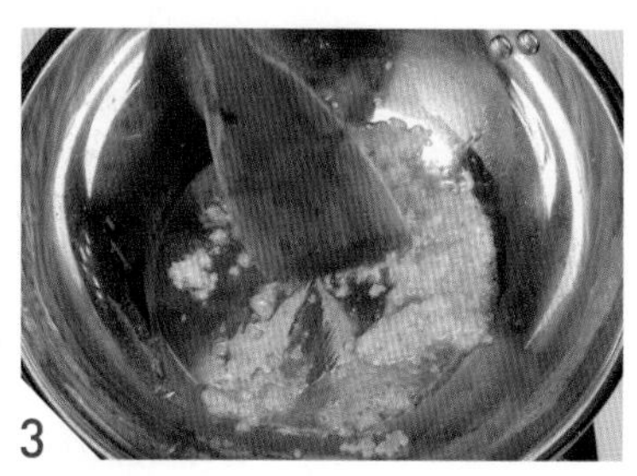

3 팬을 불에 올리고 식용유, 다진 마늘을 넣어 볶아준다. 마늘향이 식용유에 배야 더 맛있는 낙지볶음을 할 수 있다.

4 마늘향이 나면 간장, 설탕, 고춧가루, 고추장, 후춧가루, 물을 넣는다.

5 양념이 타지 않도록 중간불에서 섞어가며 끓인다.

6 양념에 호박, 당근, 양파, 대파, 청양고추를 모두 넣고 재빨리 섞는다.

7 낙지를 넣고 센불에서 빨리 볶는다. 오래 볶으면 채소가 익어 물이 나오고 낙지가 질겨지므로 낙지가 익을 정도로만 볶는다.

8 낙지가 익으면 참기름을 섞고 불을 끈다.

백종원의 Tip

낙지는 손질이 중요하다. 우선 머리를 조심스럽게 뒤집어 먹물주머니와 내장을 떼어낸다. 그릇에 담고 소금을 2~3큰술 뿌리고 거품이 일지 않을 때까지 바락바락 주물러 씻고, 다리를 훑어내려 빨판의 불순물까지 씻어낸다.
그런 다음 찬물에 여러 번 헹군다. 손질할 때 소금 대신 밀가루를 넣고 주물러 씻어도 된다.

도토리묵에 여러 가지 채소를 넣고 고춧가루, 설탕 등을 넣어 맵고, 단맛이 나게 섞어주는 요리다. 묵은 칼로리가 낮으면서 포만감을 주어 다이어트에도 좋고, 반찬이나 술안주로도 인기가 많다.

도토리묵무침

재료 (4인분)

도토리묵 ················ 1모(410g)
오이 ·························· 80g
실파 ·························· 18g
풋고추 ························ 10g
홍고추 ························ 10g
상추 ·························· 20g
쑥갓 ·························· 18g
깻잎 ··························· 4g
다진 마늘 ···················· 1큰술
간장 ·························· 5큰술
설탕 ·························· 1큰술
고춧가루 ····················· 1큰술
깨소금 ······················· 1큰술
참기름 ······················· 2큰술

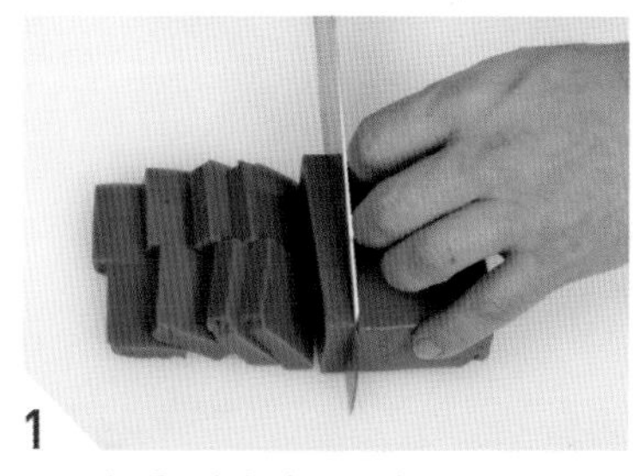

1
도토리묵은 길게 반으로 썰어 다시 4×5cm 크기, 1cm 두께로 썬다.

2
오이는 길게 반 갈라 얇게 썰고, 실파는 4cm 길이로 썰고, 고추는 어슷하게 썬다. 상추, 쑥갓, 깻잎은 2cm 폭으로 썬다.

3
넓은 볼에 다진 마늘, 간장, 설탕, 고춧가루, 깨소금을 담고, 섞어 양념장을 만든다.

4
양념장에 오이, 실파, 고추를 넣는다.

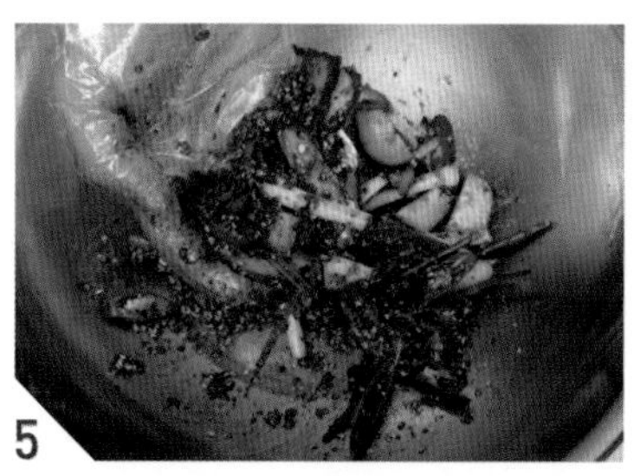

5
채소와 양념을 섞어서 채소에 양념이 묻게 한다.

6
도토리묵과 상추, 쑥갓, 깻잎을 넣고 참기름을 넣는다.

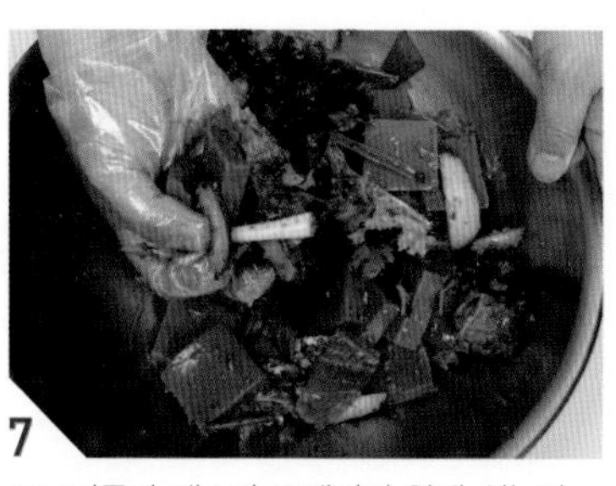

7
도토리묵과 채소가 으깨지지 않게 섞는다.

백종원의 Tip

도토리묵무침은 차게 먹는 음식이지만, 묵이 너무 단단하게 굳었으면 끓는 물에 살짝 데쳐 말랑해지면 찬물에 헹궈서 썬다.
도토리묵을 무칠 때는 식초를 넣어야 묵의 떫은 맛이 나지 않는다. 무칠 때는 양념장에 단단한 채소를 먼저 무친 뒤 부드러운 묵과 잎채소를 넣어 가볍게 버무려야 묵도 채소도 으깨지지 않는다.

두부김치는 김치와 돼지고기를 맵게 볶아 따뜻한 두부와 함께 먹는 요리인데, 매운맛과 담백한 맛이 잘 어울려 술안주로 인기가 많다. 돼지고기는 기름기가 많은 삼겹살이나 목살을 써서 김치에 돼지기름이 배게 볶아야 맛있다.

두부김치

재료 (2인분)

두부 ········ $\frac{1}{2}$모(240g)
신김치 ········ 330g
돼지고기(삼겹살) ········ 160g
양파 ········ 100g
대파 ········ 50g
풋고추 ········ 1개
홍고추 ········ $\frac{1}{2}$개
다진 마늘 ········ 1큰술
간장 ········ 3큰술
식용유 ········ 3큰술
굵은 고춧가루 ········ 1큰술
참기름 ········ $1\frac{1}{2}$큰술
설탕 ········ $1\frac{1}{2}$큰술
후춧가루 ········ 약간

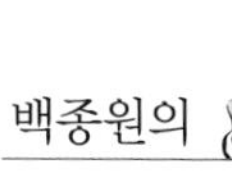

백종원의 Tip

두부김치는 따뜻하게 먹는 요리이다. 두부는 끓는 물에 삶기도 하지만, 납작하게 썰어 팬에 식용유를 두르고 부치면 더 고소하다. 두부를 부칠 때는 키친타월에 두부를 올려 물기를 뺀 뒤 지져주면 기름이 튀지 않는다.

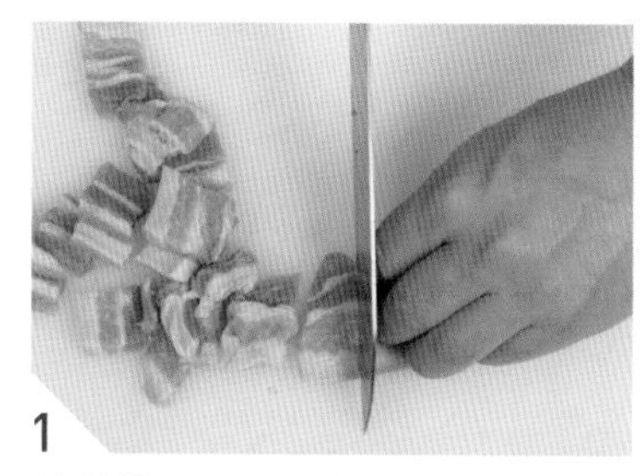

1 삼겹살은 3~4cm 크기, 0.5cm 두께로 썬다.

2 김치는 속을 털고 3cm 폭으로 썰고, 양파는 1cm 폭으로 채 썰고, 대파와 고추는 어슷하게 썬다.

3 팬에 식용유를 두르고 삼겹살을 넣어 볶는다. 삼겹살이 하얗게 익고 기름이 배어나올 정도로 볶는다.

4 양파를 넣고 잠시 볶는다. 양파에 기름이 고루 묻게 볶으면 된다.

5 김치와 다진 마늘, 간장, 굵은 고춧가루, 설탕, 후춧가루를 넣고 센불에서 김치가 반쯤 익게 볶는다.

6 대파, 고추, 참기름을 넣고 섞은 후 잠시 더 볶다가 불을 끈다.

7 두부는 끓는 물에 넣어 3~5분 정도 삶아 건진다.

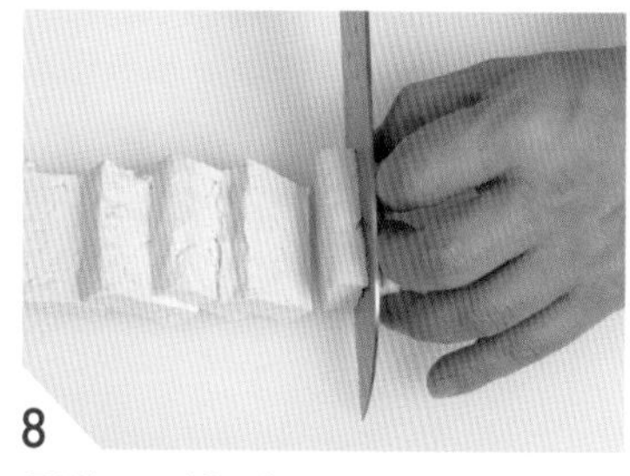

8 두부는 뜨거울 때 4×5cm 크기, 1cm 두께로 썰어 접시에 담고, 가운데 김치삼겹살볶음을 올린다.

서양의 샐러드가 우리의 입맛에 맞게 변형된 것이 감자샐러드다. 삶은 감자와 여러 가지 채소를 마요네즈에 무치는 것인데, 감자를 으깨서 만들기도 하고 주사위 모양으로 썰어 만들기도 한다.

감자샐러드

재료 (4인분)

감자 ········· 340g
오이 ········· 80g
(소금 $\frac{2}{3}$큰술)
당근 ········· 30g
양파 ········· 30g
셀러리 ········· 15g
달걀 ········· 2개
마요네즈 ········· 120g
생크림 ········· 2큰술
설탕 ········· $1\frac{1}{2}$큰술
백후춧가루 ········· 약간

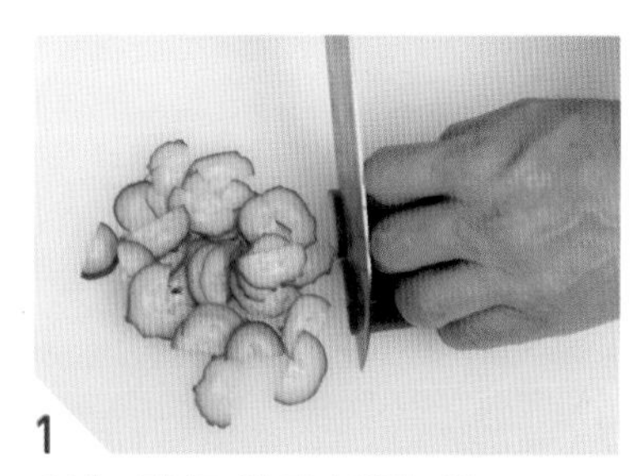

1 오이는 길이로 반 갈라 반달모양으로 0.4cm 두께로 얇게 썬다.

2 오이에 소금 $\frac{2}{3}$큰술을 넣고 섞어서 40분간 절인다.

3 오이가 절여지면 찬물에 헹궈 물기를 꼭 짠다.

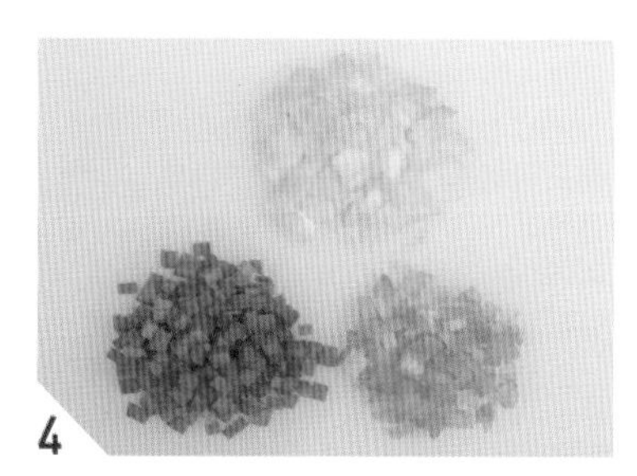

4 당근, 양파, 셀러리는 작은 크기로 썬다. 키친타월에 감싸서 물기를 뺀다.

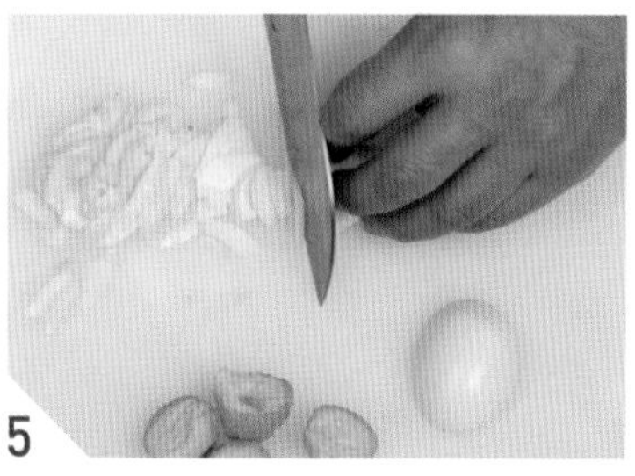

5 달걀은 완숙으로 삶아 흰자와 노른자를 분리한다. 흰자는 작은 크기로 썰고, 노른자는 따로 둔다.

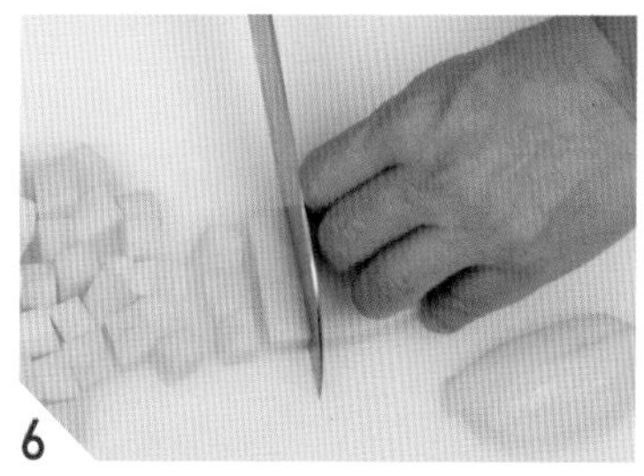

6 감자는 주사위 모양으로 썬다.

백종원의 

감자샐러드를 할 때, 보통 마요네즈만 넣는데 생크림을 조금 넣어주면 고소한 맛이 좋아진다. 마요네즈 대신 플레인요구르트를 넣으면 보다 상큼한 맛을 낼 수 있다. 감자샐러드는 채소에 수분이 있으면 나중에 물이 생기기 때문에 물기를 잘 빼주어야 한다. 키친타월에 채소를 올리고 감싸 수분을 빼주면 된다. 삶은 감자는 뜨거울 때 으깨야 잘 으깨지고, 으깨면서 남은 수분이 날아간다.

백종원의 Tip

감자샐러드를 만들 때, 채소 외에 사과, 단감, 귤이나 오렌지 등의 과일을 넣으면 감자과일샐러드가 된다.
감자샐러드는 간식으로 먹기에도 좋고, 손님초대상에 입맛을 돋우는 반찬으로 내도 좋다.
또한 감자를 으깨고 채소를 곱게 썰어 만든 감자샐러드는 식빵이나 모닝빵 사이에 넣어 샌드위치를 만들면 최고의 간식이 되고, 피크닉 도시락이 되고, 간단한 한끼 식사가 된다.

7 끓는 물에 감자를 넣어 20분간 삶은 뒤 건진다.

8 삶은 감자는 체에 밭쳐 물기를 뺀다.

9 감자의 물기가 빠지면 뜨거울 때 넓은 그릇에 담는다.

10 감자는 숟가락으로 으깬다.

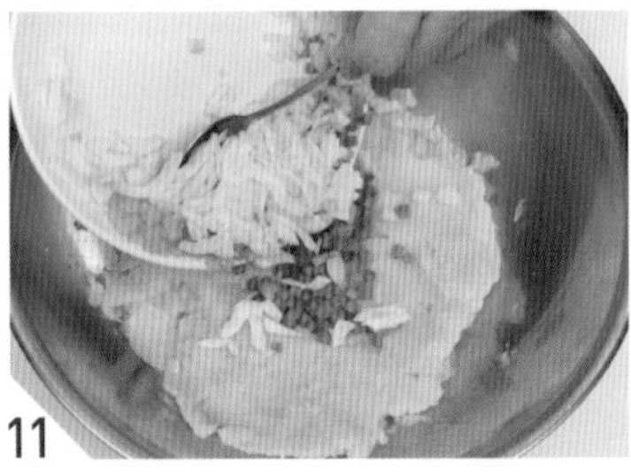

11 으깬 감자에 당근, 양파, 셀러리, 달걀흰자와 오이를 넣는다.

12 마요네즈와 생크림과 설탕, 백후춧가루를 넣는다.

13 으깬 감자와 채소, 양념을 섞는다.

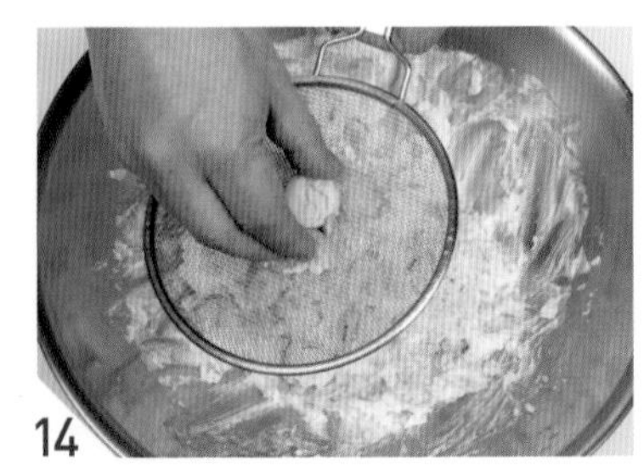

14 감자샐러드가 완성되면 그릇에 담고 위에 달걀노른자를 체에 비벼 뿌린다.

Paik Jong Won
The Born

전은 고기, 해물, 채소 등의 재료를 얇게 썰어 밀가루, 달걀을 묻혀 팬에 기름을 두르고 납작하게 지진 음식이다. 해물파전은 쪽파에 해물을 올려 부친 전으로 해산물이 풍부하고, 쪽파가 많이 재배되었던 부산에서 유래되어 동래파전이라고도 한다. 술안주로 인기가 많다.

해물파전

재료 (4인분)

쪽파 또는 실파 ·············· 50g
(밀가루 $\frac{1}{2}$큰술)
풋고추 ·························· 10g
홍고추 ·························· 10g
오징어······················ $\frac{1}{4}$마리
새우살 ·························· 30g
굴 ······························· 50g
조갯살 ·························· 30g
밀가루 ·························· 70g
꽃소금···················· $\frac{1}{2}$작은술
설탕 ······················· 1작은술
물 ··················· $\frac{2}{3}$컵(약130ml)
식용유 ······················· 6큰술
(처음 3큰술+중간 2큰술+마지막 1큰술)
달걀 ····························· 2개

1
파는 쪽파나 실파로 준비해 반으로 자르고, 풋고추와 홍고추는 동그랗고 얇게 썰어 씨를 턴다.

2
오징어는 가늘게 채 썰고, 새우살은 작은 새우 껍질 벗긴 것으로 준비하고, 굴과 조갯살은 소금물에 씻어 체에 밭쳐 물기를 뺀다.

3
밀가루에 소금과 설탕을 넣고 섞는다. 밀가루에 미리 간을 해야 파전에 고르게 간이 된다.

4
밀가루에 물을 붓고 젓가락으로 저어 덩어리 없이 섞는다.

5
파를 접시에 나란히 놓고 밀가루를 뿌린다.

6
파에 밀가루를 묻힌다.

파전은 식용유를 넉넉히 둘러 튀기듯이 부쳐야 맛있다. 처음, 중간, 뒤집으면서 식용유를 추가로 둘러주도록 한다. 불은 처음에는 센불로 팬을 달군 뒤 밀가루를 올릴 때부터는 중간불로 줄여준다. 파전은 자주 뒤집으면 부서지고 바삭한 맛이 떨어진다. 처음에 아랫면을 거의 다 익힌 뒤 뒤집어서 해물을 익히고, 다시 한 번 뒤집어 아랫면이 노릇노릇 익기 시작할 때 꺼내면 된다.

해물파전에 넣는 해물은 지역마다 계절마다 다른 제철 해물을 사용해도 무방하다.
홍합살이나 낙지를 올리기도 한다.
반죽을 할 때 밀가루 대신 부침가루를 쓰면 더 바삭한 파전을 즐길 수 있다.

7
팬을 불에 올리고 식용유 3큰술을 둘러 달군 뒤, 밀가루반죽을 $\frac{2}{3}$정도 넣고 얇게 편다.

8
밀가루반죽 위에 파를 나란히 올린다.

9
파 위에 해물(오징어, 새우살, 굴, 조갯살)을 놓는다.

10
해물 위에 남은 밀가루반죽을 뿌리고 아랫면을 익힌다.

11
파전을 익히는 동안 팬 가장자리로 식용유 2큰술을 더 둘러준다.

12
파전 가장자리가 익으면 달걀을 풀어놓았다가 위에 뿌린다.

13
달걀 위에 풋고추와 홍고추를 놓는다.

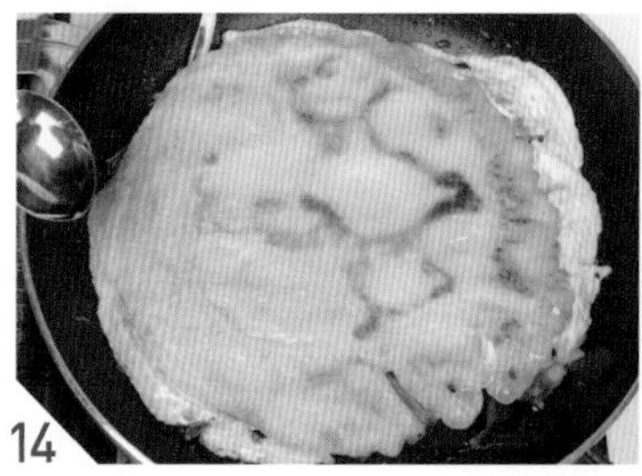

14
가장자리가 익으면 파전이 부서지지 않게 주의하며 뒤집고, 팬 가장자리로 식용유 1큰술을 더 두른다.

15
해물이 익으면 뒤집어 아랫면을 다시 한 번 익힌 뒤 꺼낸다.

김치전은 김치와 밀가루를 반죽해 부치는 전으로 간식과 술안주로 즐겨먹는 소박한 서민음식이다.
김치전을 부칠 때 기름기가 적당히 있는 돼지고기를 넣으면 고소한 맛이 배가 된다.

김치전

재료 (4인분)

신김치 ··· 160g
양파 ··· 60g
대파 ··· 30g
청양고추 ··· 10g
돼지고기(목살) ··· 40g
밀가루 ··· 70g
다진 마늘 ··· $\frac{1}{2}$큰술
꽃소금 ··· $\frac{1}{3}$작은술
설탕 ··· $\frac{1}{3}$작은술
물 ··· $\frac{1}{2}$컵(약95ml)
식용유 ··· 5큰술
(처음 3큰술+중간 1큰술+마지막 1큰술)

1 김치는 속을 털고 국물을 꼭 짠 뒤 1~2cm 길이로 썰고, 양파는 가늘게 채 썬다. 대파와 청양고추는 동그랗고 얇게 썬다.

2 돼지고기는 기름기가 적당히 있는 목살로 준비해 가늘게 채 썬다.

3 넓은 그릇에 밀가루를 담고 김치와 채소, 돼지고기를 넣고 다진 마늘, 소금, 설탕을 넣는다.

4 물을 붓고 고루 섞어 반죽을 한다.

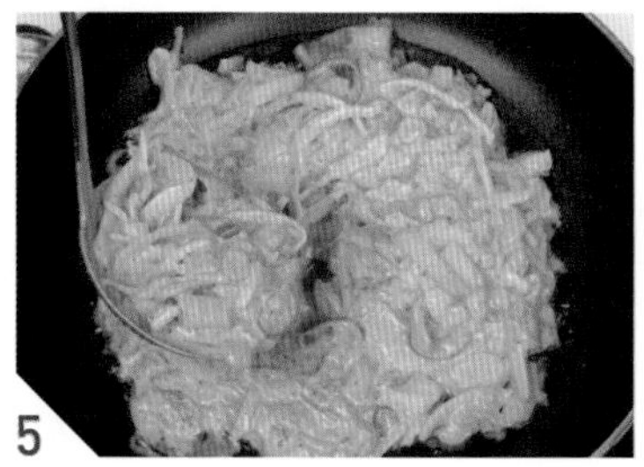

5 팬을 달군 뒤 식용유 3큰술을 두르고 반죽을 1~2국자 넣고 얇게 편다. 가장자리로 식용유 1큰술을 두르고 아랫면을 익힌다.

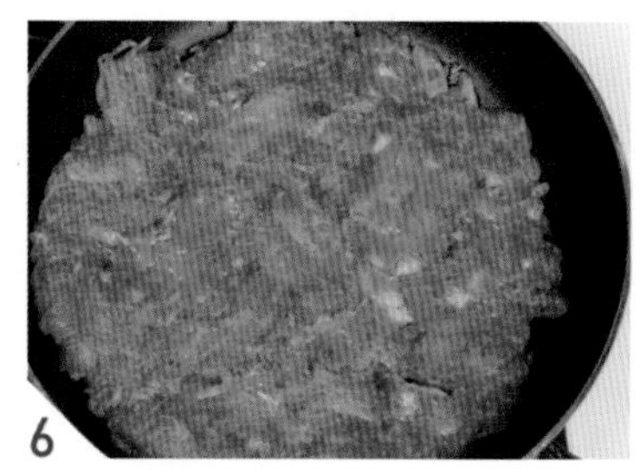

6 김치전 가장자리가 익기 시작하면 뒤집고 팬 가장자리로 식용유 1큰술을 두른다. 아랫면이 완전히 익으면 다시 한 번 뒤집어 익힌 뒤 꺼낸다.

백종원의  

김치전은 빨간색이 유난히 고운데, 김치만으로 색을 내기는 부족하다. 밀가루에 김치와 돼지고기 등을 넣고 반죽을 할 때 고운 고춧가루 1작은술을 넣으면 붉은 색이 곱고 선명해 훨씬 먹음직스러운 김치전이 된다. 밀가루 대신 부침가루를 쓰면 더 바삭한 김치전을 부칠 수 있다.

봄부터 가을까지, 채소가 제철일 때 감자부터 고추까지 여러가지 채소를 넣어 부치는 별미전이다. 채소가 골고루 들어가 영양적으로도 훌륭하다. 간식과 반찬, 술안주로도 인기가 많으며, 특히 청양 고추를 빼면 매운맛이 덜해 아이들이 좋아한다.

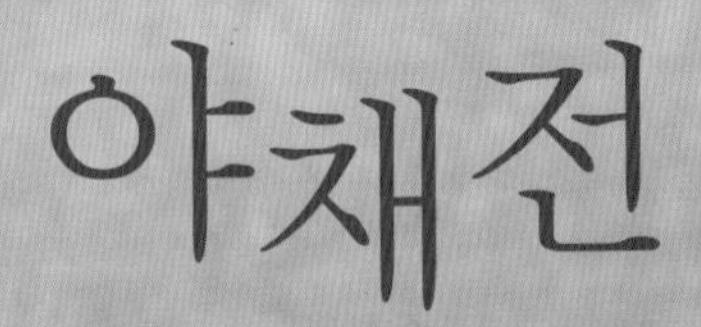

야채전

재료 (4인분)

감자 ··························· 30g
당근 ··························· 15g
주키니 호박(또는 애호박) ······ 50g
양파 ··························· 40g
부추 ··························· 25g
청양고추 ······················ 10g
홍고추 ························· 10g
밀가루 ························· 100g
꽃소금 ························· 1작은술
설탕 ··························· ½작은술
물 ······························ ⅔컵(약120ml)
달걀 ··························· 1개
식용유 ························· 5큰술
(처음 3큰술+중간 1큰술+마지막 1큰술)

1

감자와 당근, 호박, 양파는 4~5cm 길이로 가늘게 채 썬다. 부추도 4~5cm 길이로 썰고, 청양고추와 홍고추는 동그랗게 썰어 씨를 턴다.

2

넓은 볼에 밀가루와 소금, 설탕, 물을 넣고 달걀 1개를 풀어 넣는다.

3

밀가루에 채소를 모두 넣고 섞는다. 채소가 부서지지 않게 젓가락으로 섞는다.

4

팬에 식용유 3큰술을 두르고 채소반죽을 한 숟가락씩 떠놓고 앞뒤로 부친다. 중간에 식용유 1큰술을 두르고, 전을 뒤집으면 다시 1큰술을 두르며 부친다.

양념간장

재료 : 간장 3큰술, 식초 1큰술, 0.3cm로 동그랗게 썬 대파 1큰술, 다진 마늘 ½큰술, 굵은 고춧가루 ½큰술, 설탕 ½큰술, 통깨 ½작은술

재료들을 모두 섞어서 양념간장을 만든다. 전과 함께 내어 찍어먹는다.

백종원의 

야채전은 여러 가지 채소를 넣지만 한두 가지만 넣어도 별미다. 감자와 당근, 부추와 양파만 넣고 부치면 색깔도 곱고 맛도 좋다. 호박은 그 하나만 넣어도 별미다. 야채전은 제철에 나는 쉽게 구할 수 있는 채소를 이용해 만들면 된다.

달걀에 물을 섞어 뚝배기에 끓인 요리로 부드러운 식감이 있어 어린 아이나 노인들이 특히 좋아한다. 달걀찜은 밥반찬으로 인기가 많으며, 부드럽고 영양이 풍부해 술안주로도 잘 어울린다. 달걀찜을 할 때, 채소나 해물을 다져넣기도 한다.

달걀찜

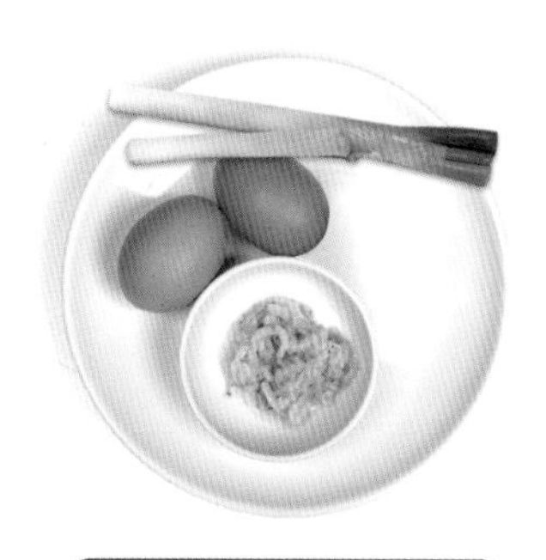

재료 (2인분)

달걀 ························ 2개
물 ··················· $\frac{1}{3}$컵(약65ml)
대파 ························ 10g
새우젓 ····················· $\frac{1}{3}$큰술
설탕 ······················ $\frac{1}{2}$작은술
참기름 ···················· $\frac{1}{2}$작은술

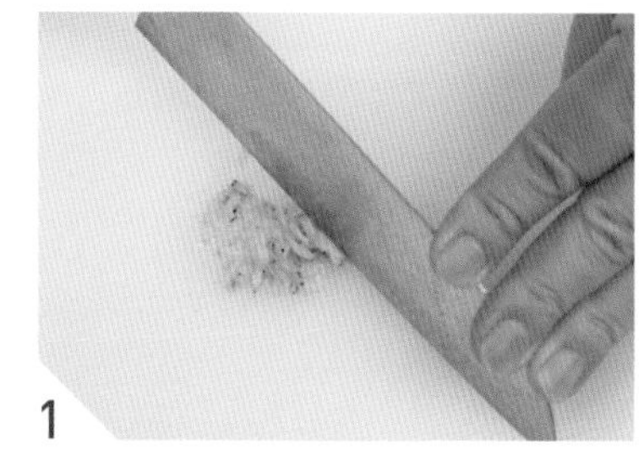

1 새우젓은 작게 다진다.

2 달걀은 뚝배기에 깨뜨려 넣고 젓가락으로 저어 푼다.

3 달걀 푼 것에 새우젓과 설탕을 넣는다.

4 물을 붓고 달걀과 물이 잘 섞이게 저어준다.

5 뚝배기를 불에 올리고 달걀이 뚝배기 바닥과 가장자리에 눌어붙지 않도록 숟가락으로 저어가며 끓인다.

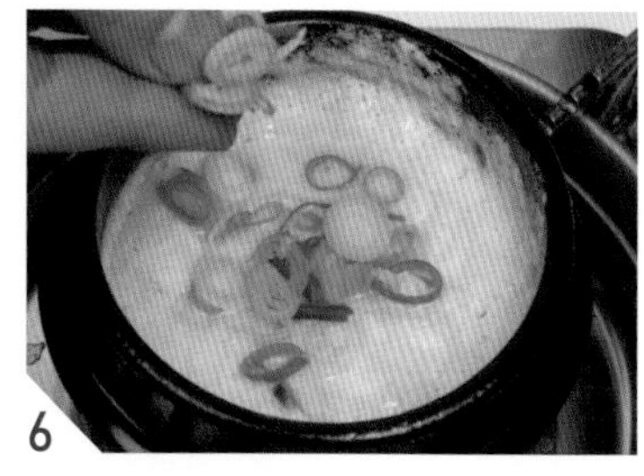

6 끓어오르면 중간불로 줄이고, 달걀이 반쯤 익으면 대파를 넣는다. 대파는 얇고 동그랗게 썰어 넣어야 빨리 익는다.

7 다시 숟가락으로 자장자리와 바닥을 긁어가며 중간불로 끓인다.

8 달걀이 거의 다 익으면 불을 끄고 참기름을 넣는다.

백종원의 Tip

달걀찜에 물 대신 멸치국물이나 다시마 우린 물을 넣으면 더 맛있는 찜이 된다. 불조절이 관건인데, 처음에는 센불에 올리고, 달걀물이 끓기 시작하면 약하게 줄인다.
달걀찜을 하는 동안 뚝배기에 달걀이 눌어붙어 타지 않게 계속 저어주고, 대파를 넣은 뒤에는 불을 끄고 잠시 뚝배기 뚜껑을 덮어두면 달걀찜이 부풀어 오른다. 달걀이 부풀어 올랐을 때 참기름을 올려 뜨거울 때 먹으면 아주 맛있는 달걀찜을 즐길 수 있다.

PART 4

반찬 메뉴

밥상에 가장 자주 오르고, 즐겨먹는 반찬을 모았다. 반찬은 크게 나물을 데치거나 생으로 양념해 무치는 무침반찬, 재료를 기름에 볶는 볶음반찬, 재료에 양념과 물을 넣고 국물이 거의 졸아들 때까지 조리는 조림반찬으로 나뉜다.
반찬은 한 번에 넉넉하게 만들어 두고 먹는 것이 좋다.

오징어와 채소를 매운 양념에 볶아내는 요리로 입맛 돋우는데 그만이다. 반찬으로도 좋지만 푸짐하게 만들면 술안주로도 인기가 많고, 밥 위에 오징어볶음을 올리면 근사한 오징어덮밥이 된다.

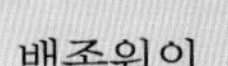

오징어를 끓는 물에 살짝 데치면 볶는 동안 물이 덜 생긴다. 양념은 미리 충분히 볶고, 오징어를 넣으면 재빨리 양념과 섞어 가며 채소와 함께 살짝만 익혀야 물이 생기지 않고 씹는 질감도 좋다.

오징어볶음

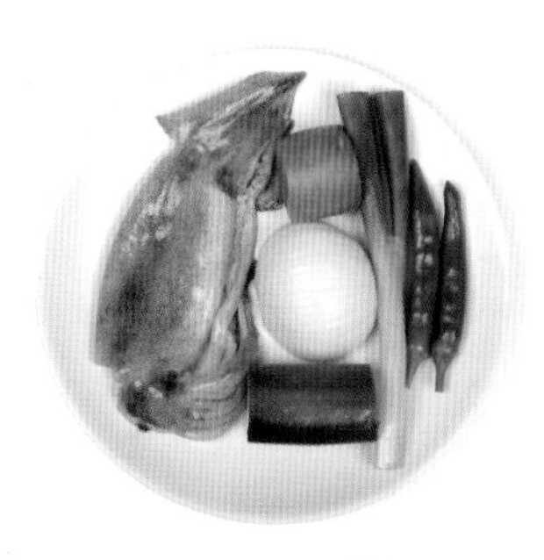

재료

오징어 ························ 2마리
주키니 호박(또는 애호박) ···140g
당근 ······························ 60g
양파······························ 140g
대파······························ 120g
청양고추 ························ 40g
식용유 ························ 4큰술
다진 마늘····················· 2큰술
굵은 고춧가루·············· 3큰술
진간장························ 10큰술
설탕 ··························· 4큰술
고추장 ························ 1큰술
후춧가루························ 약간
참기름 ························ 2큰술
통깨······························ 약간

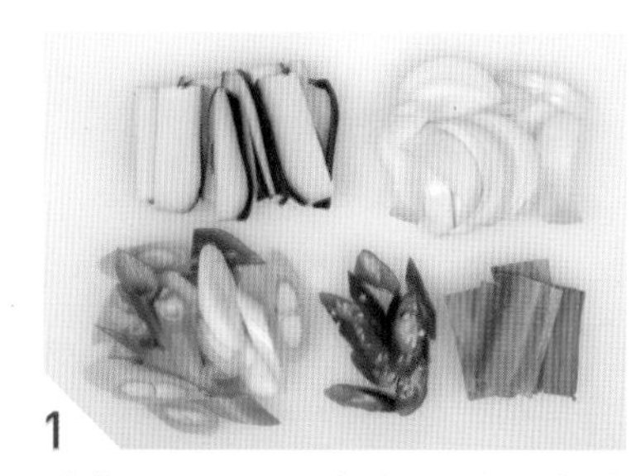

1
양파는 1cm 폭으로 채 썰고, 호박과 당근은 반으로 가른 뒤 양파 길이에 맞춰 얇게 썬다. 대파와 청양고추는 어슷하게 썬다.

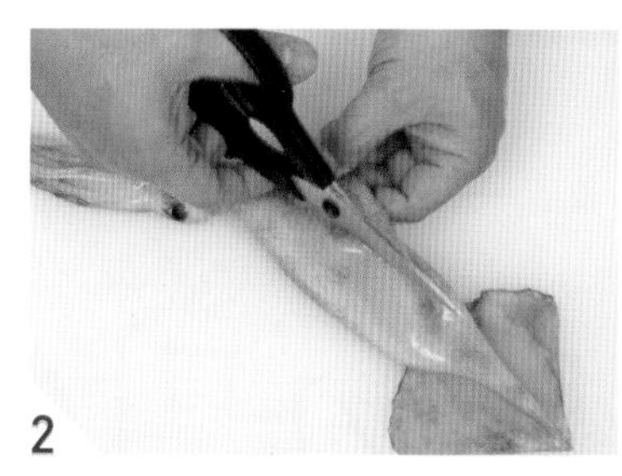

2
오징어는 배를 갈라 내장을 빼내고 깨끗이 씻는다. 다리를 훑어가며 빨판 속의 이물질을 빼낸다.

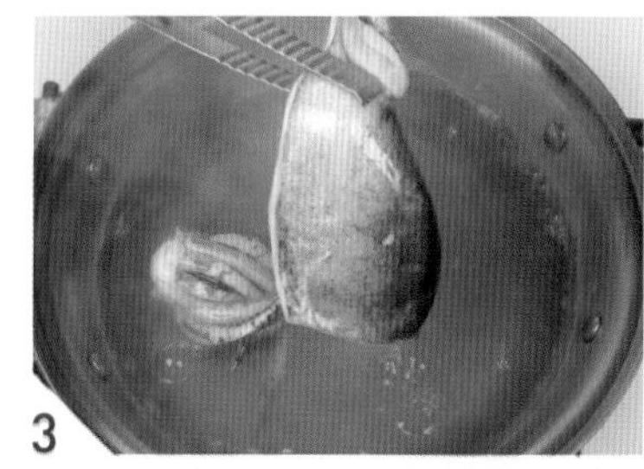

3
끓는 물에 오징어를 넣어 2~3분 정도 삶아 건진다.

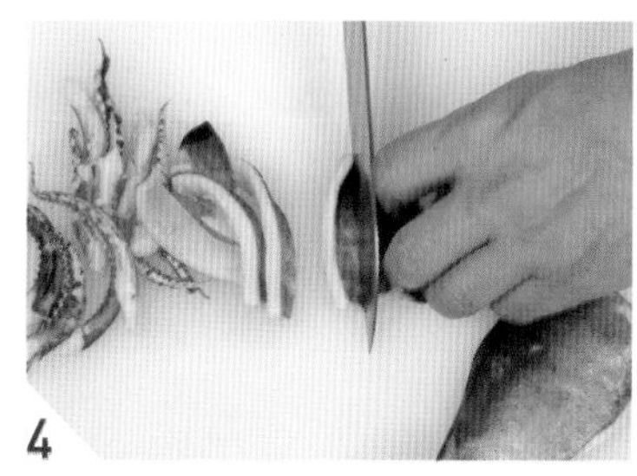

4
오징어의 몸통은 길이로 반 썬 뒤 1~2cm 폭으로 채 썰고, 다리도 길이를 맞춰 썬다.

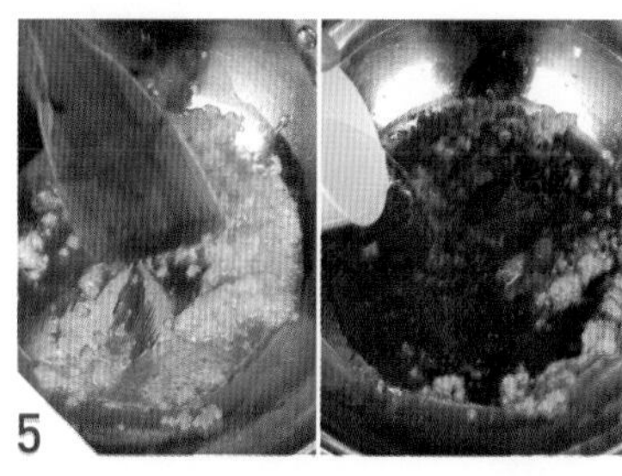

5
달군 팬에 식용유, 다진 마늘을 넣어 볶다가 고춧가루, 진간장, 설탕, 고추장, 후춧가루를 넣고 섞어가며 끓인다.

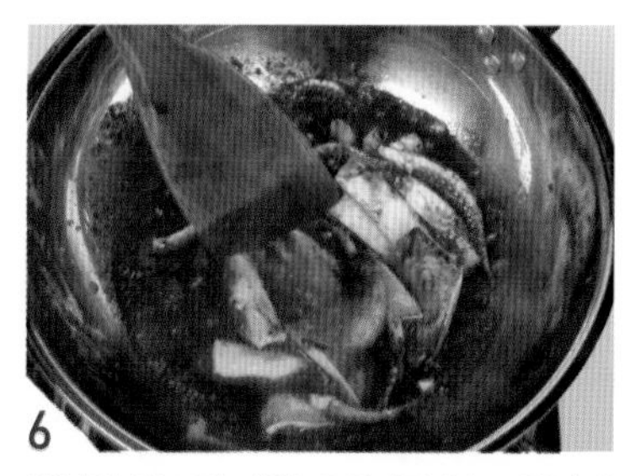

6
양념이 끓으면 데친 오징어를 넣고 양념과 섞는다.

7
오징어에 양파, 호박, 당근, 청양고추를 넣고 볶는다.

8
채소에 양념이 묻고 반쯤 익을 정도로 센불에서 빨리 볶는다.

9
대파를 넣고 참기름을 섞은 뒤 불에서 내린다. 그릇에 담고 통깨를 뿌린다.

달걀에 여러가지 채소를 넣고 넓게 부치다가 돌돌 말아 익히는 달걀말이는 아이들이 가장 좋아하는 반찬이며, 특히 도시락반찬으로 인기가 많다. 달걀말이에 토마토케첩을 뿌려먹기도 하며, 술안주로도 사랑받는 메뉴이다.

달걀말이

재료

달걀	5개
대파	30g
양파	30g
당근	20g
꽃소금	$\frac{1}{2}$작은술
설탕	$\frac{1}{3}$작은술
식용유	3큰술

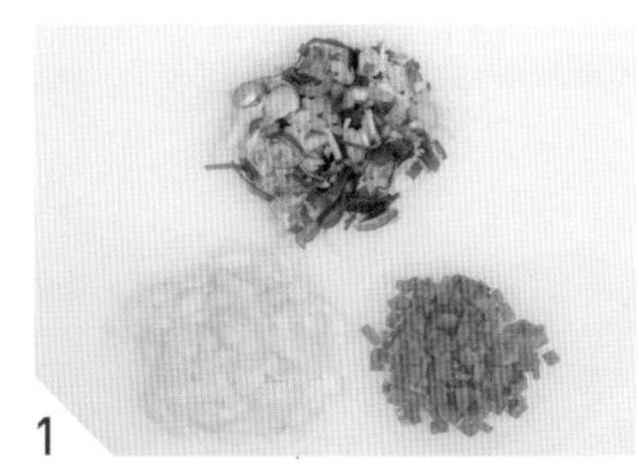

1
당근, 양파, 대파는 작은 크기로 다지듯이 잘게 썬다.

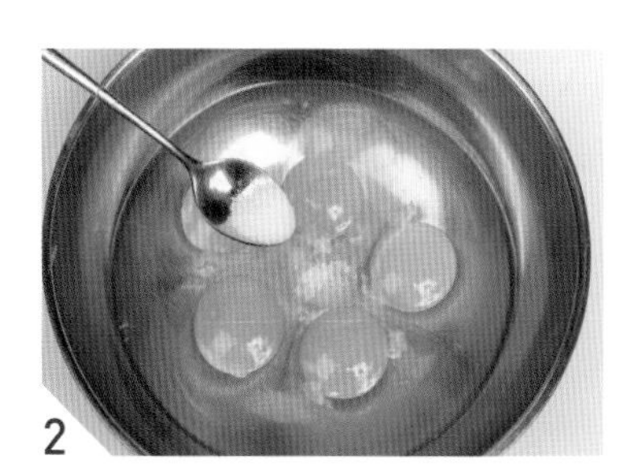

2
그릇에 달걀을 깨뜨려 담고 소금과 설탕을 넣는다.

3
젓가락으로 저어 달걀을 푼다.

4
달걀에 채소를 넣고 섞는다.

5
사각팬에 식용유를 두르고 달군 뒤 불을 약하게 줄인 다음 ④의 달걀물을 반쯤 붓는다.

6
달걀물을 넓고 고르게 펼쳐 익힌다.

백종원의  Tip

달걀말이를 예쁘게 하려면 불조절과 식용유가 관건. 불은 팬을 뜨겁게 달군 뒤에는 약하게 줄여야 모양이 고르게 되고, 은근히 익혀야 한다. 센불에 달걀물을 부으면 갑자기 딱딱하게 익고 구멍이 생기기 쉽다.
또 식용유를 너무 많이 두르면 표면이 울퉁불퉁하고 얼룩덜룩해지므로 식용유를 두르고 고르게 편 뒤 키친타월을 이용해 살짝 닦아주면 좋다.

백종원의 Tip

달걀은 거품기를 이용해 풀면 거품이 생기는데, 거품이 생기면 달걀말이의 표면이 울퉁불퉁해진다. 달걀은 젓가락으로 풀고, 식초 1~2방울 넣으면 멍울과 알끈이 잘 풀어진다. 또 풀어진 달걀을 고운체에 내리면 알끈이 제거되고 달걀말이가 더 부드럽게 된다. 달걀을 푼 뒤 채소와 함께 물이나 다시마 우린 물을 $\frac{1}{3}$컵(65ml 정도) 넣으면 달걀말이가 부드러워지고, 우유를 넣어주면 부드럽고 폭신한 질감을 낼 수 있다.

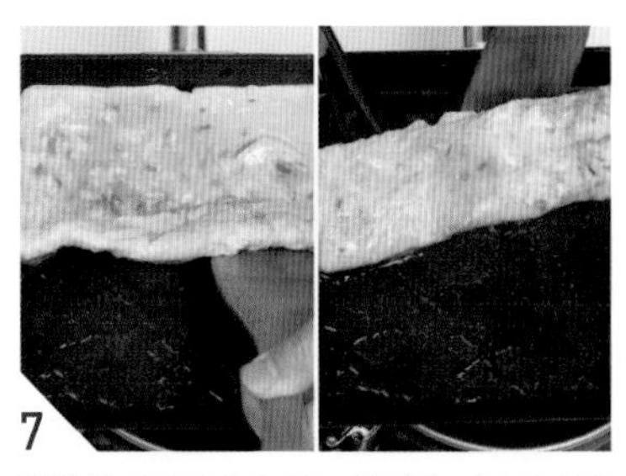

7 달걀의 가장자리가 익고 윗면이 마르기 시작하면 $\frac{1}{3}$크기로 말아준다.

8 달걀말이를 다시 뒤집어 팬 앞으로 밀어놓고 빈자리에 식용유를 두른다.

9 남은 달걀물을 빈자리에 붓는다.

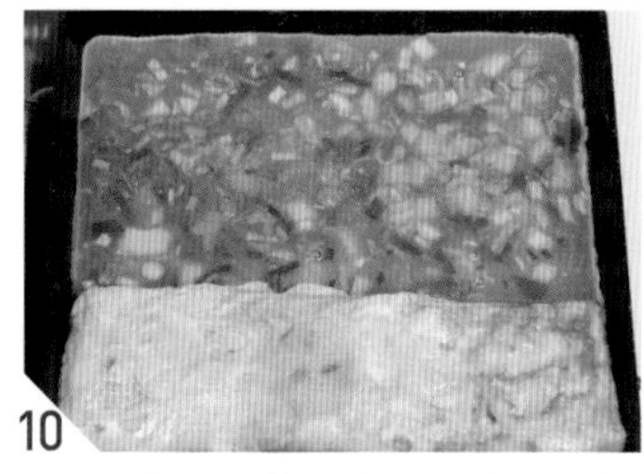

10 새로 부은 달걀물을 먼저 말아놓은 달걀말이와 이어지게 고르게 편다.

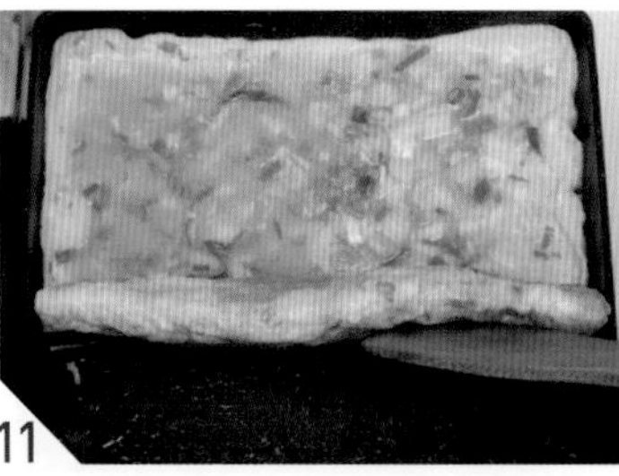

11 달걀의 가장자리가 익고 윗면이 마르기 시작하면 먼저 말아놓은 달걀말이와 함께 다시 말아준다.

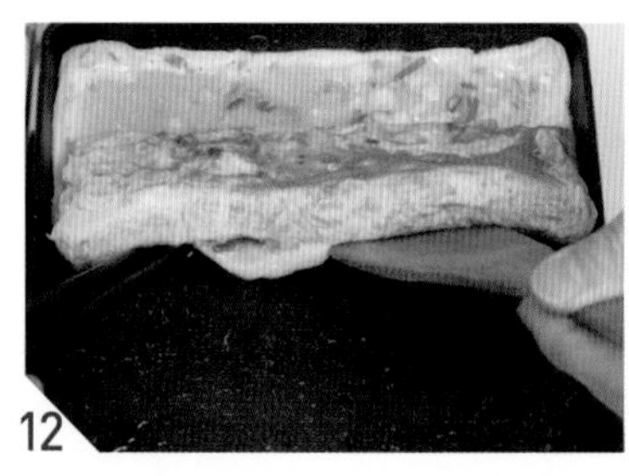

12 달걀말이를 다시 한 번 만다. 말이를 할 때는 뒤집개와 젓가락을 이용해 양손으로 말면 잘 말아진다.

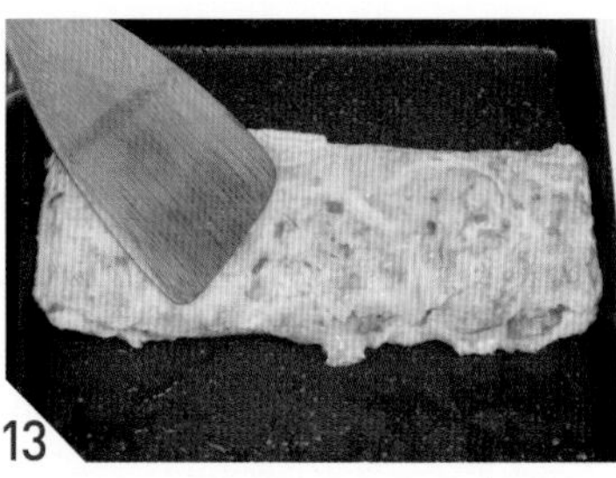

13 달걀말이는 살짝 눌러 모양을 잡고 뒤집어가며 속까지 완전히 익힌다.

14 완전히 식으면 칼을 눕혀 비스듬히 썬다.

삶은 감자와 여러 가지 채소를 마요네즈에 버무려 먹는 대표적인 한국식 샐러드이다. 감자를 으깨서 만들기도 하는데, 주사위 모양으로 썰어 만들면 씹는 질감이 좋아 반찬과 간식으로도 즐길 수 있다.

채소마요네즈샐러드

재료

- 감자 ······················ 340g
- 오이······ 100g(꽃소금 $\frac{1}{2}$작은술)
- 당근 ······················ 50g
- 양파 ······················ 30g
- 셀러리 ······················ 25g
- 사과 ······················ 70g
- 햄 ······················ 50g
- 설탕 ······················ $1\frac{1}{2}$큰술
- 백후춧가루 ······················ 약간
- 마요네즈 ······················ 120g
- 생크림 ······················ 2큰술
- 식초 ······················ $1\frac{1}{2}$큰술

1 오이는 길이로 4등분한 뒤 1.5cm 길이로 썬다.

2 오이에 소금을 뿌린다.

3 오이와 소금을 섞어 40분간 절인다.

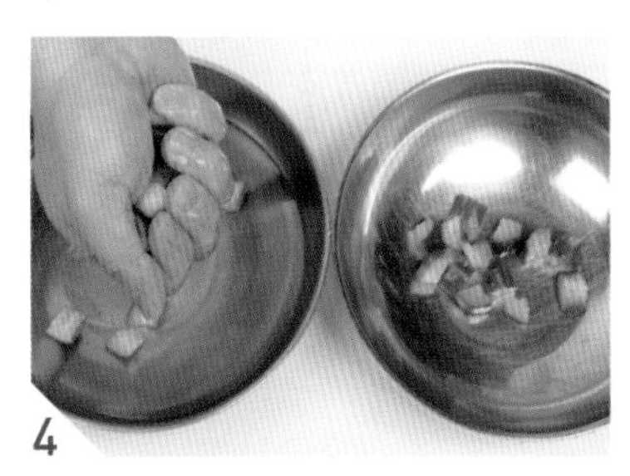

4 절인 오이는 물에 헹군 뒤 물기를 꼭 짠다.

5 오이를 절이는 동안 당근과 양파는 1.5cm 크기로 썬다. 셀러리는 1cm 작은 크기로 썬다.

6 사과와 햄도 1.5cm 크기로 썬다.

샐러드를 만들 때 채소와 과일에 물기가 묻어있으면, 마요네즈에 버무렸을 때 물이 흘러 식감이 떨어진다. 썰어놓은 재료는 거즈나 키친타월에 감싸 물기를 닦아주면 된다. 더 맛있게 하려면 사과, 단감, 키위, 방울토마토 등의 과일이나 맛살, 완두콩, 땅콩, 건포도 등의 재료를 준비되는 대로 골고루 넣어주면 된다.

감자샐러드는 감자와 채소가 골고루 들어있어 한 끼 식사로 든든하고, 식사 전에 입맛을 돋우는 반찬으로도 잘 어울린다.
식초는 새콤한 맛을 위해, 생크림은 고소한 맛을 위해 넣는다. 마요네즈 대신 플레인요구르트를 넣으면 칼로리도 줄이고 상큼한 맛이 좋다.

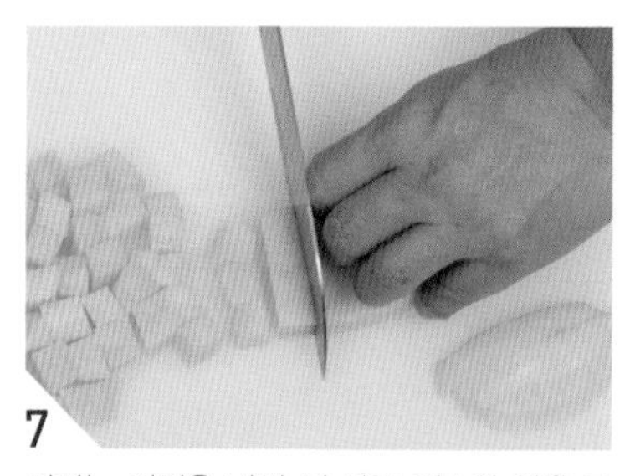

7
감자는 껍질을 벗긴 뒤 다른 채소와 같은 크기로 깍뚝 썬다.

8
끓는 물에 감자를 넣어 10분간 삶아 건진다. 감자는 너무 오래 삶으면 부서지므로 익을 정도로만 삶아야 한다.

9
삶은 감자는 체에 담아 물기를 뺀다.

10
넓은 그릇에 삶은 감자, 절인 오이, 당근, 양파, 셀러리, 사과, 햄을 담는다.

11
샐러드 재료에 설탕, 백후춧가루를 뿌린다.

12
마요네즈, 생크림, 식초를 넣는다.

13
채소와 양념을 섞는다.

시금치무침은 데쳐서 간장과 참기름에 무친 것으로 밥상에 자주 오르는 반찬 중 한가지다. 시금치는 단맛과 풋풋한 맛이 있고, 비타민과 엽산 등이 풍부한 영양반찬이다.

시금치무침

재료

시금치 ··· 300g(꽃소금 $\frac{1}{2}$큰술)
대파 ··· 30g
간장 ··· 1큰술
다진 마늘 ··· $\frac{1}{2}$큰술
꽃소금 ··· $\frac{1}{3}$큰술
참기름 ··· $1\frac{1}{2}$큰술
통깨 ··· 1작은술

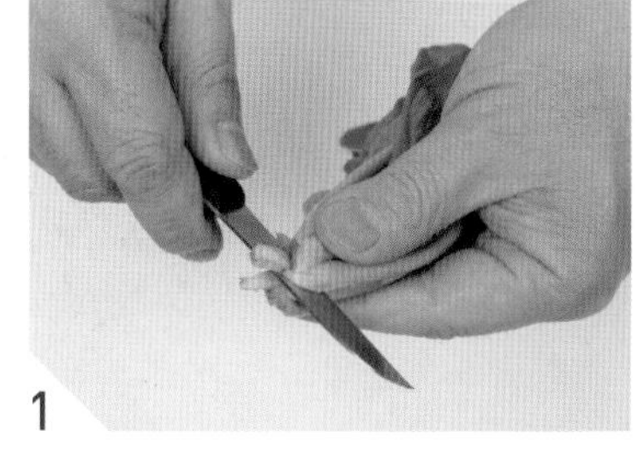

1
시금치는 뿌리 끝을 깨끗이 다듬고 포기를 반으로 나눈다.

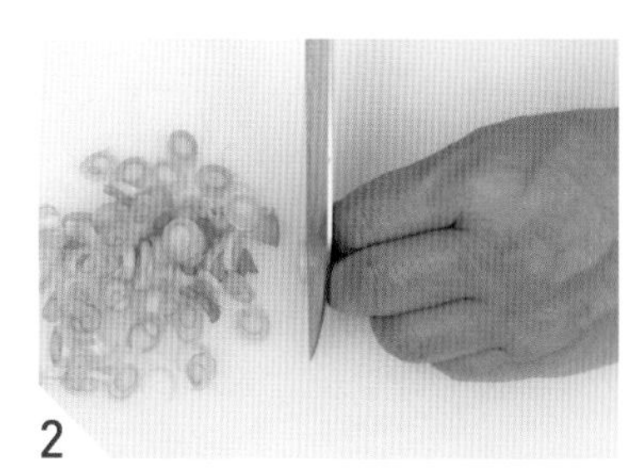

2
대파는 동그랗고 얇게 썬다.

3
넉넉한 양의 물을 끓인 뒤 소금 $\frac{1}{2}$큰술을 넣고, 시금치를 넣어 1분 정도 삶는다. 오래 삶으면 질겨지므로 숨이 죽을 정도로만 삶아야 한다.

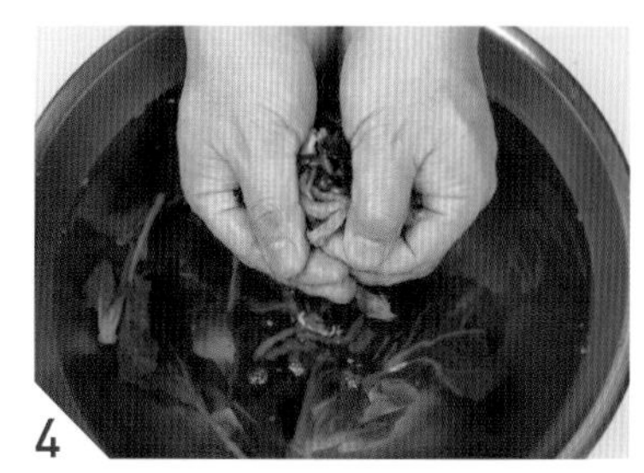

4
시금치는 빨리 건져 찬물에 헹군다. 두세 번 찬물에 헹궈 물기를 가볍게 짠다. 꼭 짜면 수분이 모두 빠져나와 맛이 없어진다.

5
시금치는 뭉친 것을 풀어준다. 이렇게 해야 무칠 때 양념이 잘 묻는다.

6
시금치에 대파, 간장, 소금, 다진 마늘을 넣는다.

백종원의 Tip

시금치는 데칠 때 소금을 넣고 데쳐야 푸른색이 선명해지고, 숨이 죽으면 바로 찬물에 건져 헹궈야 질감이 좋다.
시금치를 너무 오래 삶으면 흐물거리고 영양분이 다 빠져나간다. 물기를 짤 때도 살포시 짜야 특유의 맛과 질감을 살릴 수 있다.

7
시금치에 양념이 잘 묻게 손으로 섞는다.

8
시금치무침에 참기름과 통깨를 넣고 다시 한 번 섞는다.

콩나물무침은 콩에 물을 주어 뿌리를 키운 콩나물을 삶아서 양념으로 무친 반찬이다. 콩나물무침은 가격이 저렴하면서 비타민 등 영양이 풍부해 밥상에 빠지지 않을 정도로 인기가 많은 서민 반찬이다.

콩나물무침

재료

콩나물 …… 300g(소금 ½큰술)
쪽파 …… 25g
당근 …… 25g
국간장 …… ½큰술
다진 마늘 …… ½큰술
꽃소금 …… ⅔큰술
설탕 …… ½작은술
참기름 …… 1½큰술
통깨 …… 1작은술

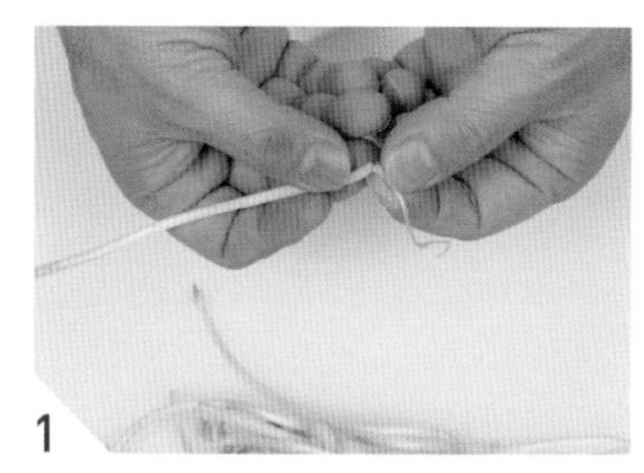

1 콩나물은 뿌리 끝을 자르고 깨끗이 씻는다.

2 쪽파는 4~5cm 길이로 썰고, 당근은 쪽파 길이에 맞춰 가늘게 채 썬다.

3 넉넉한 양의 물을 끓이다가 소금 ½큰술, 콩나물을 넣고 콩 익은 냄새가 날 때까지 4~5분 정도 삶는다.

4 삶은 콩나물은 찬물에 건져 헹군 뒤 체에 밭쳐 물기를 뺀다. 콩나물은 물기를 짜내면 질겨지므로 체에 밭쳐 물기를 빼야한다.

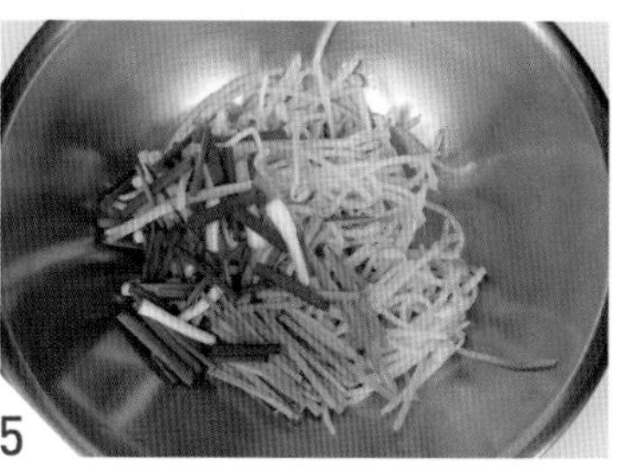

5 콩나물 물기를 짠 뒤 그릇에 담고 쪽파와 당근을 넣는다.

6 콩나물에 국간장, 마늘, 소금, 설탕을 넣는다.

7 콩나물과 채소, 양념을 섞는다.

8 콩나물무침에 참기름을 넣고 섞는다.

9 통깨를 뿌리고 섞어 완성한다.

콩나물무침을 할 때 고춧가루를 넣어 매콤한 맛을 더한 것이 매운콩나물무침이다. 매운맛을 좋아하는 사람들을 위한 반찬이며, 매운콩나물무침은 붉은색을 띠기 때문에 당근을 넣지 않는다.

매운콩나물무침

재료

콩나물 …… 300g(소금 $\frac{1}{2}$큰술)
쪽파 …… 25g
다진 마늘 …… $\frac{1}{2}$큰술
굵은 고춧가루 …… 1큰술
간장 …… 2큰술
꽃소금 …… $\frac{2}{3}$큰술
설탕 …… $\frac{1}{2}$작은술
참기름 …… 1$\frac{1}{2}$큰술
통깨 …… 1작은술

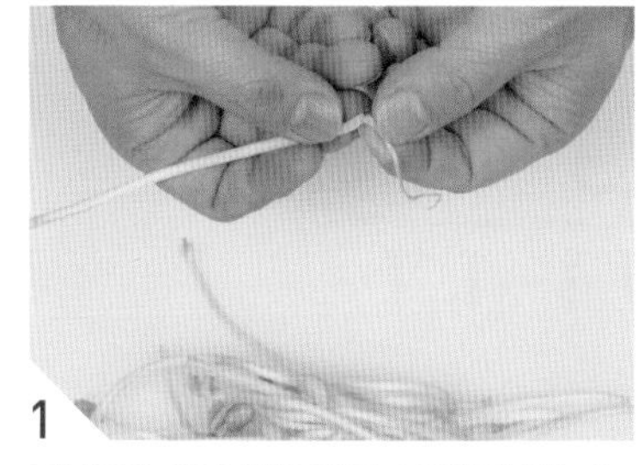

1 콩나물은 뿌리 끝을 자르고 깨끗이 씻는다.

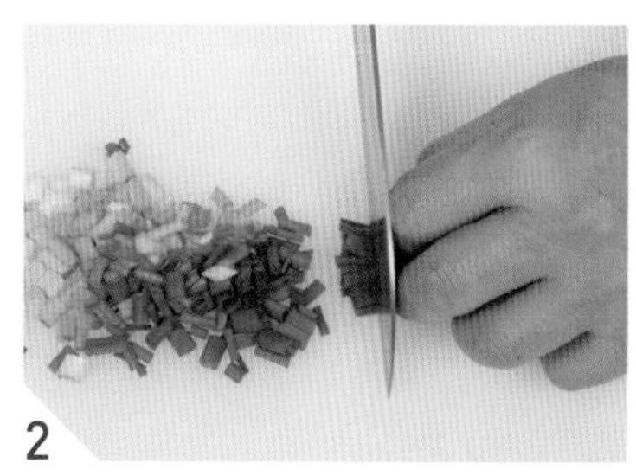

2 쪽파는 작은 크기로 동그랗게 썬다.

3 넉넉한 양의 물을 끓이다가 소금 $\frac{1}{2}$큰술, 콩나물을 넣고 4~5분 정도 삶는다.

4 삶은 콩나물은 찬물에 건져 헹군 뒤 체에 밭쳐 물기를 뺀다.

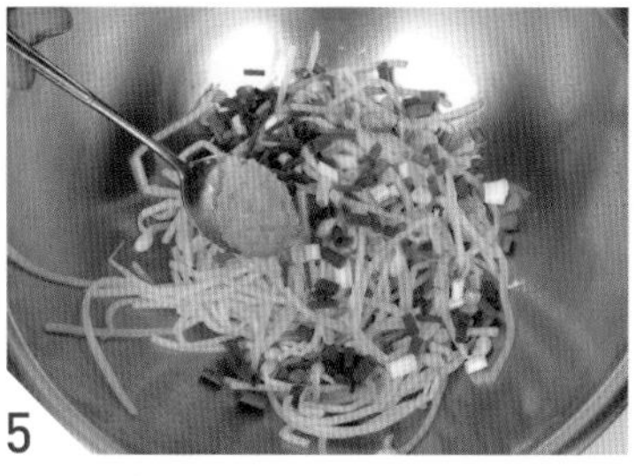

5 콩나물 물기를 짠 뒤 쪽파와 그릇에 담고 다진 마늘을 넣는다.

6 콩나물에 고춧가루, 간장, 소금, 설탕을 넣는다.

백종원의 Tip

콩나물을 삶을 때는 끓는 물에 소금과 함께 넣고 뚜껑을 열고 삶아야 콩 비린내가 나지 않는다.
콩나물은 너무 삶으면 질겨지므로 4~5분 정도만 삶아서 바로 찬물에 헹군 뒤 체에 밭쳐 물기를 뺀다.
따뜻한 콩나물무침을 하려면 찬물에 헹구지 말고 바로 체에 밭쳐 물기를 뺀다.

7 콩나물에 양념이 고루 묻게 섞는다.

8 콩나물무침에 참기름과 통깨를 넣고 다시 한 번 섞는다.

고사리는 산에서 흔하게 자라는 채소로 씹을수록 고소한 맛이 일품이다. 고사리는 들기름에 볶다가 쌀뜨물을 붓고 다시 부드럽게 볶아지면 국간장으로 간을 해야 깊은 맛이 난다.

고사리볶음

재료

고사리 ······················· 200g
대파 ···························· 20g
쌀뜨물 ·············· ½컵(약95ml)
들기름 ······················ 2큰술
다진 마늘 ··················· 1큰술
국간장 ······················ 2큰술
설탕······················· ½작은술
꽃소금···················· ½작은술
통깨 ······················ 1작은술

1
고사리는 물에 불린 것으로 구입해 여러 번 씻어 물기를 짜고 6~7cm 길이로 썬다.

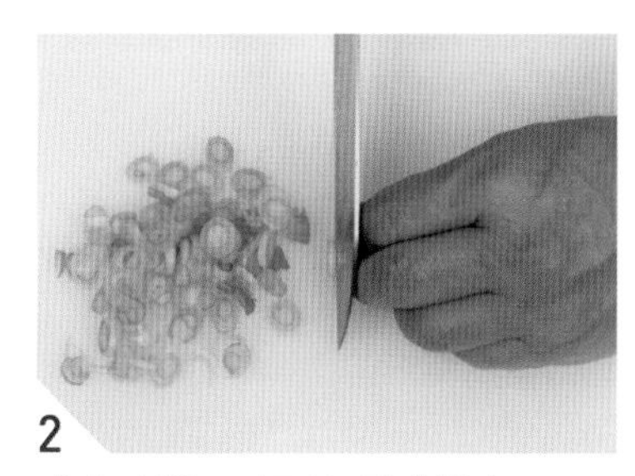

2
대파는 작은 크기로 동그랗게 썬다.

3
오목한 팬에 들기름, 다진 마늘을 넣고 볶는다.

4
마늘향이 나면 고사리를 넣는다.

5
고사리에 기름향이 스며들게 볶는다.

6
쌀뜨물을 넣고 약한 불에서 볶는다. 살뜨물이 없다면 물을 붓고 볶아도 된다.

7
국간장, 설탕, 소금을 넣고 섞어가며 볶는다. 냄비 뚜껑을 덮어 2~3분 정도 둔다.

8
대파와 통깨를 넣고, 섞어준 후 불을 끈다.

백종원의  Tip

고사리는 말리면 오래 보관할 수 있기 때문에 말린 고사리가 유통된다.
말린 고사리는 물에 여러 번 헹궈 이물질과 먼지를 제거한 뒤 물에 담가 불린다. 부드럽게 불면 다시 끓는 물에 데친 뒤 찬물에 담가두어야 독성도 쓴맛도 빠진다.

무를 채 썰어 고춧가루와 갖은 양념을 넣고 무친 반찬이다. 매콤하고 아삭하게 양념해서 입맛을 돋우는 데 그만이다. 고춧가루 양을 줄이고 식초를 넣어 무치면 새콤해서 고기요리와 잘 어울린다.

무생채

새콤달콤 무생채

재료

무 ··························· 600g
대파 ··························· 110g
굵은 고춧가루 ·············· 2큰술
다진 마늘 ·················· 1큰술
간 생강 ·················· $\frac{1}{3}$작은술
멸치액젓 ·················· 2큰술
설탕 ························ 2큰술
통깨 ························ 1큰술
꽃소금 ······················ 1큰술

새콤달콤 무생채 재료

무 ··························· 600g
식초 ················ 1컵(약190ml)
설탕 ························ 8큰술
고운 고춧가루 ·········· $\frac{1}{2}$큰술
꽃소금 ······················ 1큰술

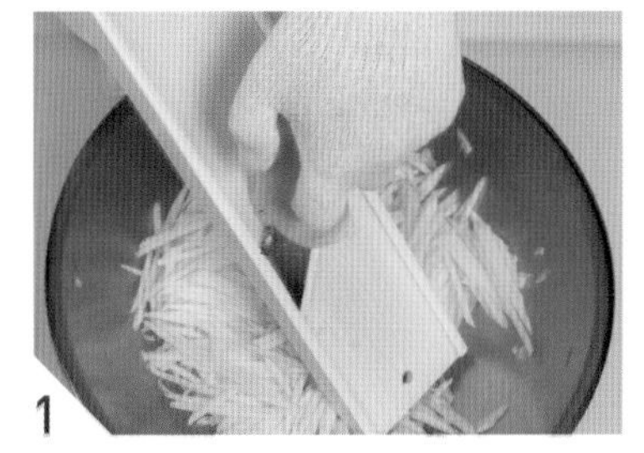

1
무는 장갑을 끼고 채칼을 이용해 채 썬다.

2
대파는 어슷하게 썬다.

3
채 썬 무에 고춧가루를 넣는다.

4
무와 고춧가루를 섞어 무에 붉은 고춧물을 들인다. 버무릴 때는 무채가 부서지지 않게 주의한다.

5
무채에 대파, 마늘, 생강, 멸치액젓, 설탕, 통깨, 소금을 넣는다.

6
무채와 양념을 섞는다.

새콤달콤 무생채

1
채 썬 무에 식초, 설탕을 넣는다.

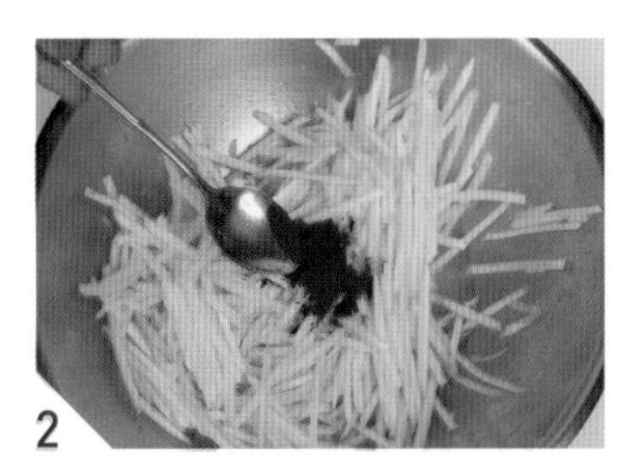

2
무채에 고춧가루를 넣는다.

3
무채와 양념을 섞은 뒤 소금을 넣고 섞는다.

오이를 막대모양으로 썰어 고춧가루와 식초 등의 양념으로 매콤하고 새콤하게 무친 반찬이다. 오이의 상큼한 향과 아삭한 맛이 한껏 느껴지며 밥반찬으로 인기가 많다. 도라지나 데친 오징어를 넣어 함께 무쳐도 별미다.

오이무침

재료

오이	440g
양파	120g
쪽파	40g
당근	30g
굵은 고춧가루	$\frac{2}{3}$큰술
다진 마늘	1큰술
간장	1큰술
설탕	1$\frac{1}{2}$큰술
꽃소금	1큰술
식초	4큰술
참기름	1큰술
통깨	1작은술

1 오이는 길게 반 썬 뒤, 다시 길게 반으로 썬다. 즉, 길이로 4등분한다.

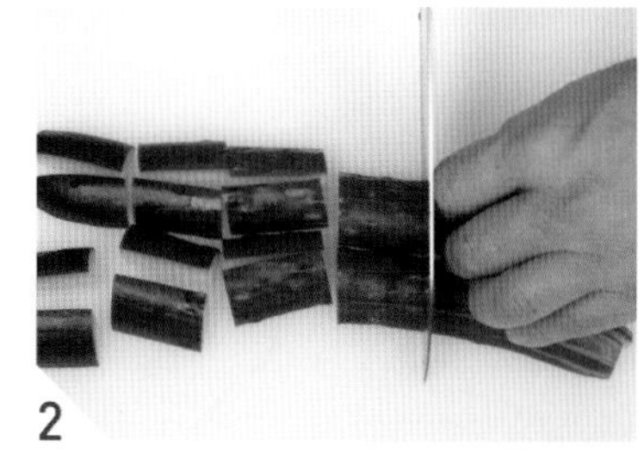

2 오이는 다시 4~5cm 길이로 썬다.

3 당근은 4~5cm 길이 2cm 폭으로 얇게 썰고, 양파는 1cm 폭으로 채 썬다. 쪽파도 4~5cm 길이로 썬다.

4 오이에 채소를 넣고 섞는다.

5 고춧가루, 다진 마늘, 간장, 설탕, 소금을 넣는다.

6 오이에 식초를 넣는다. 식초는 신맛을 내어 입맛을 좋게 한다.

7 오이와 채소, 양념을 섞는다.

8 통깨와 참기름을 넣고 다시 섞는다.

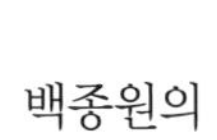

백종원의 Tip

오이는 겉면이 오돌도돌한데, 물에 담갔다가 소금을 뿌리고 문질러준 뒤 씻어야 이물질이나 농약 등이 깨끗이 제거된다.
막대모양으로 썬 오이에 소금 1큰술 정도 뿌려 30분 정도 절였다가 물기를 짜고 무쳐도 된다. 이때는 양념에서 소금은 빼야 간이 맞는다.

오이초무침을 해서 바로 먹을 때는 동그랗고 얇게 써는 게 좋다. 오이를 얇게 썰면 양념이 훨씬 잘 배고 오이향도 진하다. 매운맛이 부담스럽다면 고춧가루 양을 줄인다.

오이초무침

재료

오이 ·························· 490g
대파 ···························· 40g
굵은 고춧가루 ·············· 2큰술
설탕 ························· 2큰술
간장 ························· 1큰술
꽃소금 ························ $\frac{1}{2}$큰술
식초 ························· 4큰술
통깨 ······················· 1작은술

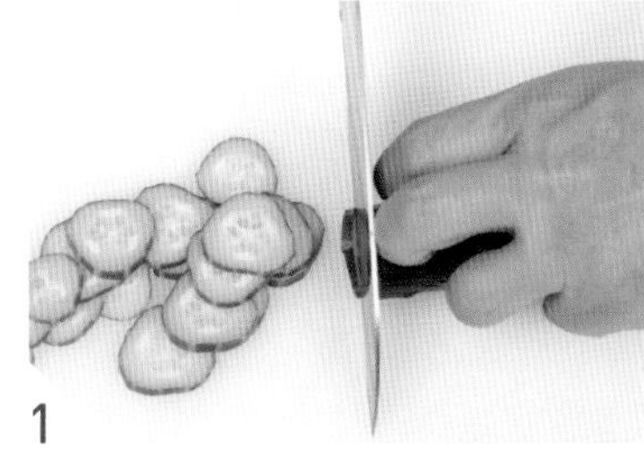

1
오이는 동그랗고 얇게 썬다.

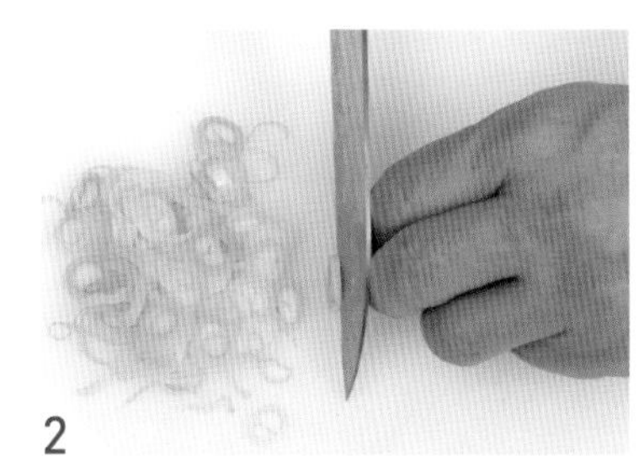

2
대파는 동그랗게 썬다.

3
오이에 대파를 넣는다.

4
오이에 고춧가루, 설탕, 간장, 소금을 넣는다.

5
오이에 식초를 넣는다.

6
오이와 양념을 섞는다.

7
오이에 양념이 붉게 묻도록 한다.

8
통깨를 뿌리고 다시 한 번 섞는다.

백종원의 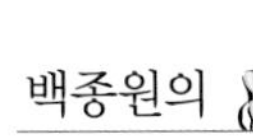 

오이무침을 더 맛있게 하려면 오이를 썰기 전에 식초 $\frac{1}{2}$~1큰술 정도를 넣은 찬물에 10분 정도 담가둔다. 오이의 아삭한 맛이 좋아진다.
식촛물에 담갔던 오이를 꺼내 송송 썰어 양념에 무친다. 또 오이를 무칠 때 양파를 곱게 채 썰어 넣으면 단맛과 매운 맛이 더해진다.

무말랭이는 무를 막대모양으로 썰어 햇볕에 바짝 말린 것이다. 무말랭이를 물에 담가 부드럽게 불려 고춧가루 등 갖은 양념을 넣고 무치면 입맛 돋우는 반찬이 된다. 무말랭이를 무칠 때는 고춧잎을 넣어야 맛있다.

무말랭이무침

재료

무말랭이	100g
마른 고춧잎	6g
고운 고춧가루	3큰술
물엿	5큰술
설탕	4큰술
멸치액젓	2큰술
다진 마늘	$1\frac{1}{2}$큰술
꽃소금	$1\frac{1}{2}$큰술
통깨	1큰술

1 무말랭이는 미지근한 물에 담가 3시간 불리고, 마른 고춧잎은 미지근한 물에 담가 4시간 불린다.

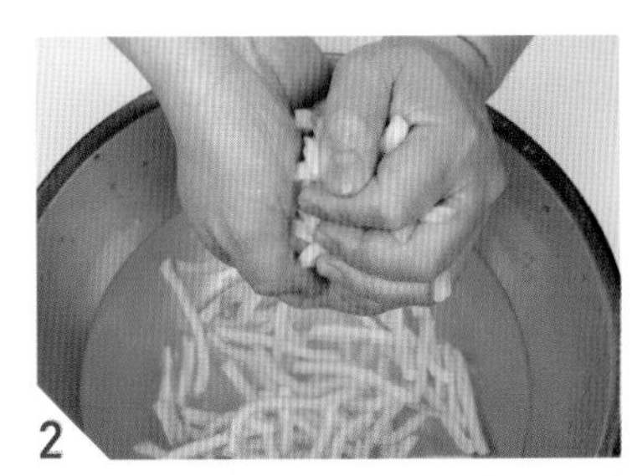

2 무말랭이와 고춧잎은 물을 바꿔가며 2~3번 깨끗이 씻어 물기를 꼭 짠다.

3 넓은 볼에 무말랭이와 고춧잎을 담고, 뭉친 고춧잎을 풀어준다.

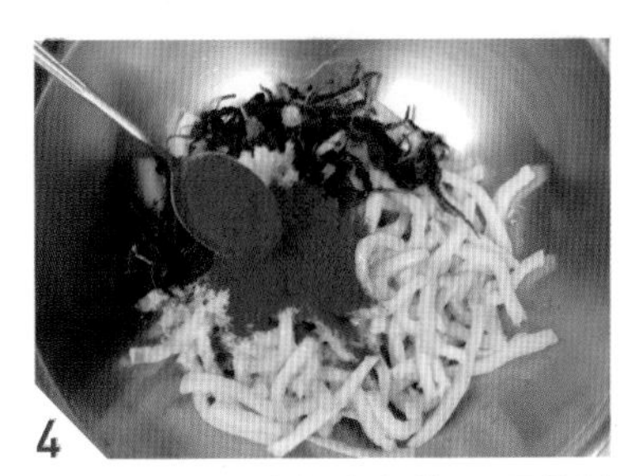

4 고춧가루, 물엿, 설탕, 다진 마늘, 소금을 넣는다.

5 멸치액젓과 통깨를 넣는다.

6 양념과 무말랭이를 주물러 섞는다.

7 무말랭이에 붉은 고춧물이 들면 밀폐용기에 담아 하루 정도 두었다가 먹는다.

백종원의 Tip

무말랭이무침을 할 때는 고춧가루 중에서 고운 것을 넣고 충분히 주물러줘야 무말랭이에 색이 곱게 든다.
또 물엿과 설탕을 넉넉히 넣어 달콤한 맛을 더해야 무말랭이의 매운맛과 잘 어울린다.
무말랭이무침은 1~2일 정도 두면 무말랭이가 양념을 흡수해 더 부드러워지고 깊은 맛이 난다.

어묵볶음은 예전에 인기 도시락 반찬이었다. 어묵은 '오뎅'이라고 하는 것으로, 생선살을 갈아서 기름에 튀겨낸 것이다. 어묵에 채소를 넣고 간장 등의 양념을 넣어 볶으면 부드럽고 간이 잘 맞아 어른 아이 모두 좋아하는 반찬이 된다.

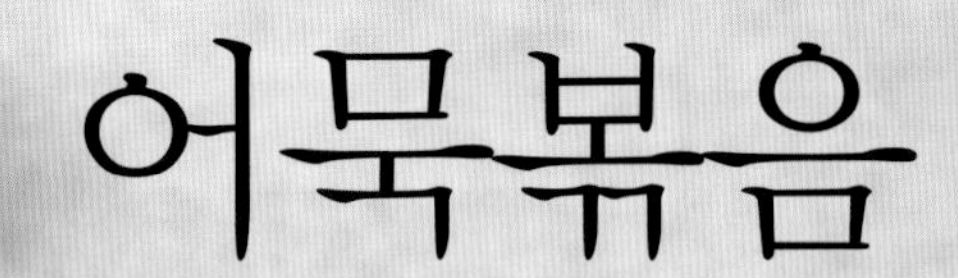

어묵볶음

재료

어묵	280g
양파	150g
당근	50g
대파	90g
식용유	3큰술
다진 마늘	1큰술
간장	3큰술
설탕	1큰술
참기름	1큰술
꽃소금	$\frac{1}{2}$작은술

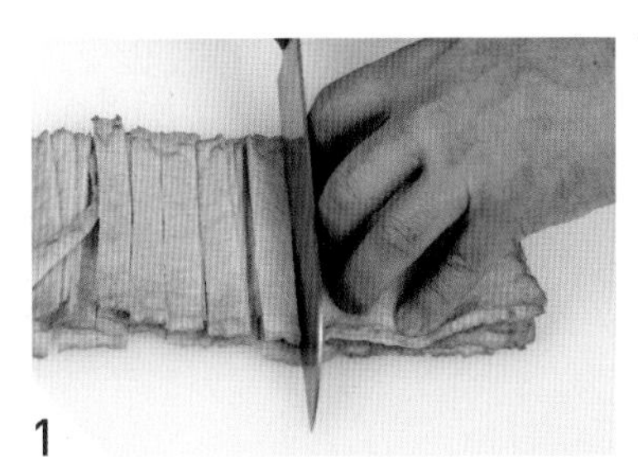

1 어묵은 1cm 폭으로 길게 썬다.

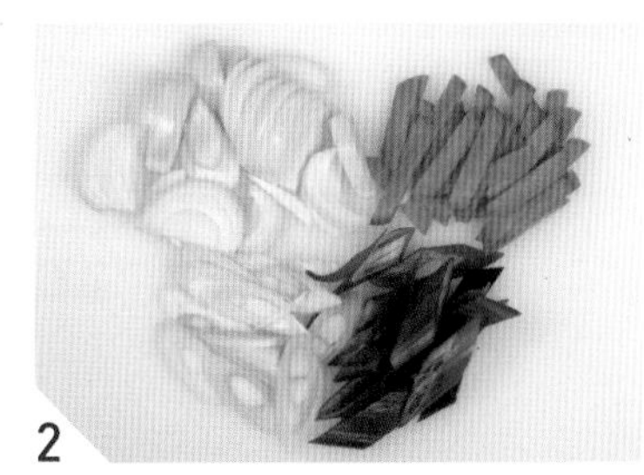

2 양파는 1cm 폭으로 채 썰고, 당근은 1cm 폭으로 얇게 썬다. 대파는 어슷하게 썬다.

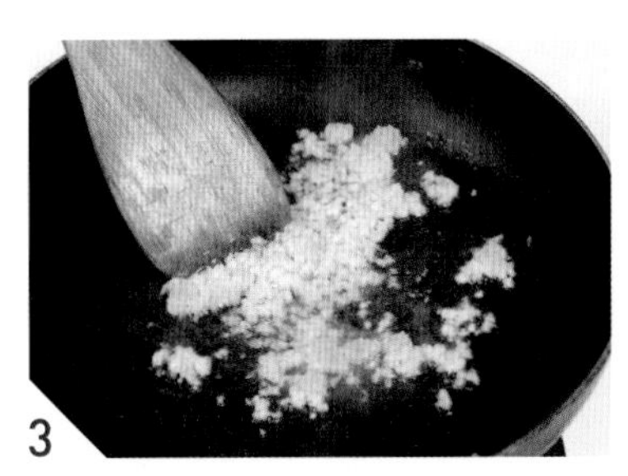

3 팬에 식용유, 다진 마늘을 넣어 볶는다.

4 마늘 볶던 것에 어묵과 양파, 당근을 넣고 섞어가며 볶는다.

5 간장, 설탕, 소금을 넣고 어묵과 섞어가며 볶는다.

6 어묵이 부드러워지고 채소가 반쯤 익으면 참기름, 대파를 넣고 섞은 뒤 불을 끈다.

백종원의 Tip

어묵은 기름에 튀겨내기 때문에 자칫 느끼할 수 있다. 썰어놓은 어묵을 체에 담고 팔팔 끓는 물을 끼얹으면 기름기와 불순물을 씻겨나가기 때문에 훨씬 깔끔하고 담백한 어묵볶음을 할 수 있다.
또 마늘을 먼저 볶아 향을 낸 뒤 어묵을 볶아야 마늘 맛과 향이 배어 더 맛있다.

어묵은 저렴한 재료로 부담 없이 먹을 수 있는 반찬이다. 어묵에 고춧가루를 넣어 매콤하게 볶는데, 감자를 넣으면 매운맛을 순화시켜 준다.

어묵감자볶음

재료

어묵	280g
감자	150g
양파	150g
대파	90g
식용유	3큰술
다진 마늘	1큰술
간장	6큰술
설탕	2$\frac{1}{2}$큰술
물	$\frac{1}{3}$컵(약65ml)
고운 고춧가루	1$\frac{1}{2}$큰술
참기름	1큰술

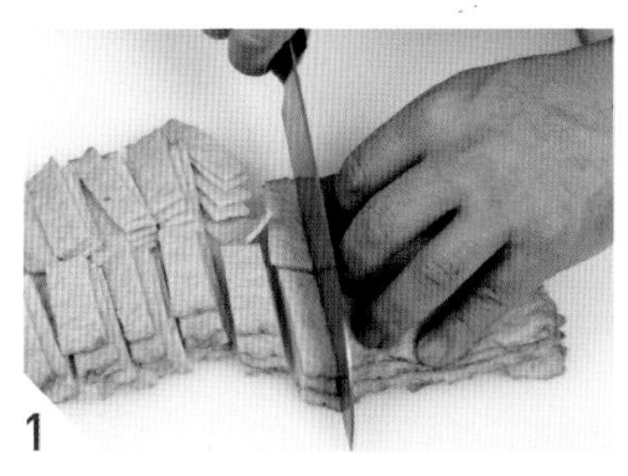

1
어묵은 길이를 반으로 썬 뒤, 1~1.5cm 폭으로 썬다.

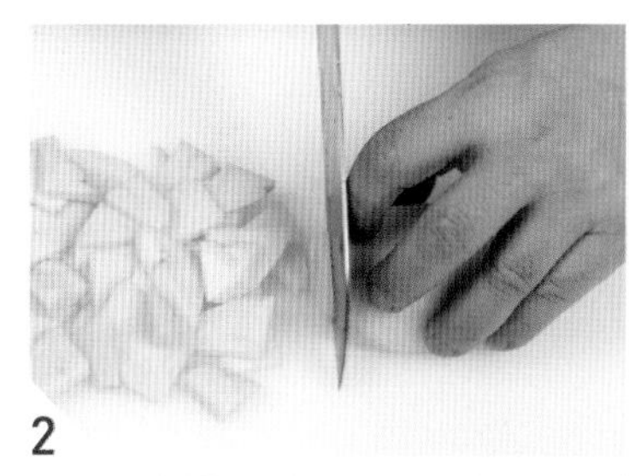

2
감자는 껍질을 벗기고 4등분해서 어묵 두께로 얇게 썬다.

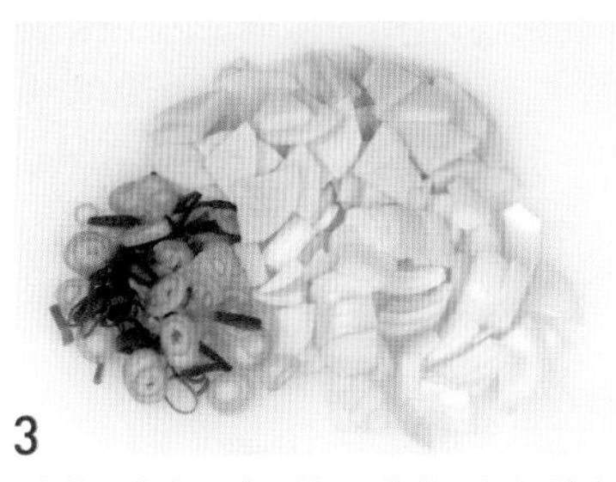

3
양파는 감자 크기로 썰고, 대파는 송송 썬다.

4
팬에 식용유, 다진 마늘을 볶다가 감자를 넣어 볶는다.

5
감자가 익으면 어묵, 양파를 넣고 볶는다.

6
간장, 설탕을 넣고 물을 부어 어묵이 부드러워지게 볶는다.

7
고춧가루를 넣고 섞어가며 볶는다.

8
어묵에 대파와 참기름을 넣고 섞은 뒤 불을 끈다.

백종원의  Tip

감자는 어묵보다 익는데 시간이 걸리기 때문에 감자를 먼저 볶다가 어느 정도 익으면 어묵을 넣는다.
또 볶음을 하다보면 감자와 어묵이 부드러워지기도 전에 타기 쉬운데, 물을 붓고 볶으면 부드럽게 볶을 수 있다.

남녀노소 모두 좋아하는 반찬으로 잔멸치를 간장양념에 볶는 것이다. 멸치는 칼슘이 풍부해 특히 아이들 성장에 도움이 되며, 도시락 반찬으로도 인기가 많다. 멸치를 미리 볶아 수분을 날린 뒤 다시 식용유와 양념장에 볶아야 고소한 멸치볶음이 된다.

잔멸치볶음

재료

잔멸치 ············ 50g
풋고추 ············ 10g
식용유 ············ 2큰술
간장 ············ 2큰술
물엿 ············ 1큰술
설탕 ············ ½큰술
참기름 ············ 1큰술
통깨 ············ 1작은술

1
식용유를 두르지 않고 팬에 잔멸치를 넣고 말린다는 느낌으로 2~3분 볶는다. 풋고추는 어슷하게 썬다.

2
볶은 멸치를 체에 담고 쳐서 멸치가루를 털어낸다.

3
팬을 깨끗이 닦은 뒤 식용유를 넣고 멸치를 넣어 볶는다.

4
볶은 멸치를 팬 한쪽으로 밀어놓고, 팬을 기울여 간장, 물엿을 넣어 끓인다.

5
양념이 끓으면 풋고추를 넣고 끓인다.

6
풋고추와 양념이 끓으면 볶은 잔멸치와 섞어가며 볶는다.

7
멸치에 설탕, 통깨를 넣는다.

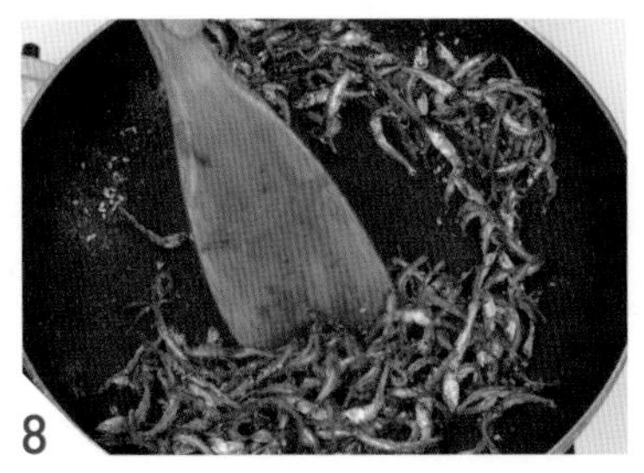

8
멸치와 설탕과 통깨를 섞어가며 볶는다.

9
멸치볶음에 참기름을 섞은 뒤 불을 끈다.

작은 멸치는 간장과 설탕으로 바삭하게 볶아 고소한 맛을 살리고, 큰 멸치는 고추장양념에 맵게 볶아야 비린내가 나지 않고 맛있다. 큰멸치는 머리와 내장을 떼고, 반 갈라주어야 양념이 속까지 잘 밴다.

멸치 고추장볶음

재료

큰멸치	50g
식용유	2큰술
간장	2큰술
고추장	½큰술
다진 마늘	½큰술
설탕	1½큰술
물	2큰술
물엿	1큰술
참기름	1큰술
통깨	1작은술

1 멸치는 조금 큰 것으로 준비해 머리를 떼고 반 갈라 내장을 빼낸다.

2 식용유를 두르지 않은 팬에 멸치를 넣어 2~3분 볶아 멸치의 수분을 없앤다.

3 멸치를 체에 담고 쳐서 가루를 털어낸다.

4 팬을 깨끗이 닦은 뒤 식용유를 넣고 멸치를 넣어 볶는다.

5 볶던 멸치를 팬 한쪽으로 몰아놓고, 팬을 기울여 간장, 고추장, 다진 마늘, 물, 설탕, 물엿을 넣는다.

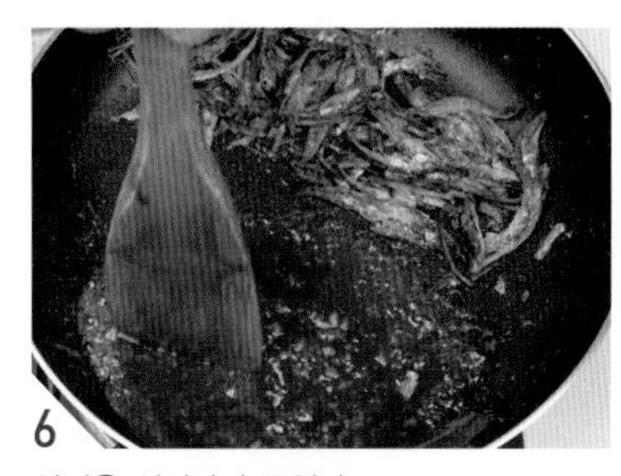

6 양념을 섞어가며 끓인다.

7 멸치와 양념장을 섞어가며 볶는다.

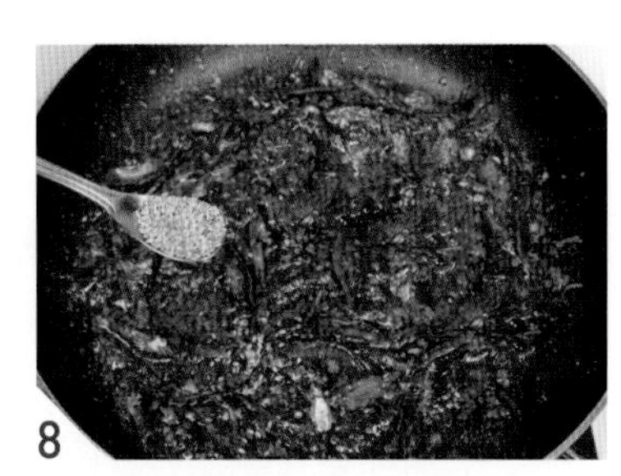

8 멸치에 양념이 섞이면 참기름과 통깨를 섞는다. 멸치볶음은 접시에 담고 식힌다.

백종원의 Tip

큰 멸치는 머리와 내장을 떼고 볶아야 쓴맛이 나지 않는다. 멸치는 비린내가 나기 쉬운데, 팬에 식용유를 두르지 않고 잠깐 볶아 수분을 날려주어야 비린내가 나지 않는다. 양념을 한데 섞어 충분히 끓인 뒤 멸치와 섞어가며 재빨리 볶아야 타지 않는다.

마른 새우는 특유의 고소한 감칠맛이 있어 아이들이 특히 좋아하는 반찬이다. 고추장양념에 볶으면 매콤하고 고소해서 밥과 함께 먹기 좋다. 마른 새우는 고추장을 빼고 간장과 설탕 등의 양념에만 볶아도 맛있다.

마른새우볶음

재료

볶음용 마른 새우	50g
식용유	2큰술
간장	2큰술
고추장	1큰술
물엿	1큰술
다진 마늘	$\frac{1}{2}$큰술
설탕	2큰술
참기름	1큰술
통깨	1작은술

1
마른 새우는 식용유를 두르지 않은 팬에 담고 2~3분 볶는다.

2
볶은 새우를 체에 담고 가루를 털어낸다.

3
팬을 깨끗이 씻은 뒤 식용유를 두르고 새우를 넣어 볶는다.

4
볶은 새우는 팬 한쪽으로 밀어놓고, 팬을 기울여 한쪽에 간장, 고추장, 물엿, 다진 마늘, 설탕을 넣는다.

5
양념을 섞어가며 재빨리 끓인다.

6
새우와 양념을 섞어가며 빨리 볶는다. 오래 볶으면 타므로 중간불로 빨리 섞어야 한다.

7
새우볶음에 참기름과 통깨를 넣어 섞는다. 접시에 펼쳐놓고 식힌다.

백종원의 Tip

마른 새우는 수염이나 다리 등이 말라붙어 있어 그대로 볶으면 지저분해지기 쉽다. 팬에 살짝 볶은 뒤 가루를 털고 볶아야 깔끔한 볶음이 된다. 새우에 양념을 넣고 그대로 볶으면 수분을 흡수해 바삭한 맛이 떨어지니 양념을 충분히 끓인 뒤 재빨리 섞어가며 볶아 새우의 바삭한 맛을 살린다.

장조림은 재료에 간장 맛이 배게 조리는 요리이다. 삶은 달걀에 간장맛이 충분히 배게 조리면서 마늘이나 꽈리고추를 넣어주면 식감이 좋아진다. 상에 낼 때는 달걀을 4등분으로 썰고 꽈리고추, 마늘과 함께 담아 조림장을 조금 끼얹는다.

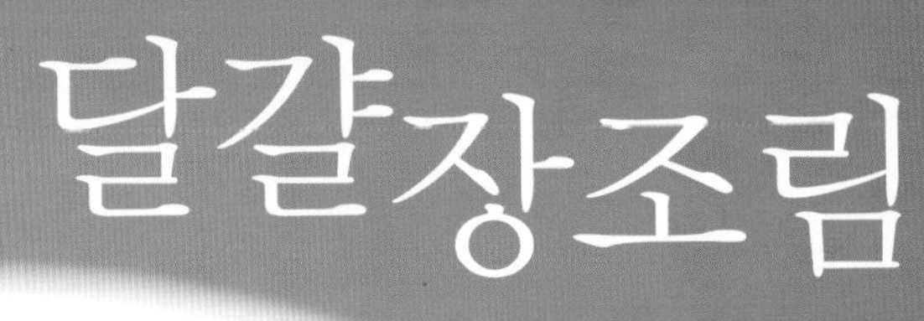

달걀장조림

재료

달걀 ···························· 10개
(물 2.5L+꽃소금 1큰술+식초 2큰술)
마늘 ···························· 100g
꽈리고추 ······················ 100g
물 ································· 1L
간장 ················ 2컵(약380ml)
설탕 ························ 8큰술
물엿 ························ 6큰술
캐러멜 ····················· 2큰술

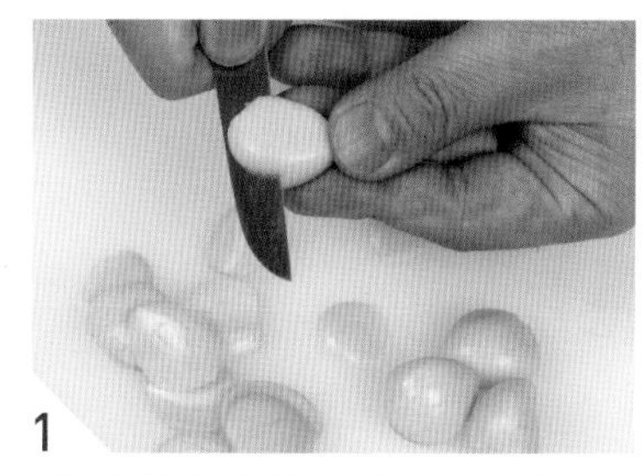

1

마늘은 얇게 썬다.(달걀은 끓는 물에 소금, 식초를 넣고 삶아 찬물에 식힌 뒤 껍질을 벗겨 놓는다.)

2

꽈리고추는 꼬지를 이용해 3~4번 찔러 구멍은 낸다. 이렇게 해야 꽈리고추의 속에까지 양념이 잘 밴다.

3

냄비에 물, 간장, 설탕, 물엿, 캐러멜을 넣고 끓인다.

4

끓는 간장물에 마늘을 넣어 1~2분 삶아 건진다. 간장물에 마늘향이 배어 더 맛있어 진다.

5

간장물이 다시 끓으면 꽈리고추를 넣어 2~3분 삶아 건진다. 꽈리고추는 오래 삶으면 색이 변하고 질겨지므로 살짝 익으면 건진다.

6

간장물에 달걀을 넣고 중간 불에서 30분간 끓인다. 중간 중간 달걀을 굴려주어 간이 고루 배게 한다.

간장물을 끓이다가 마늘과 꽈리고추를 데쳐내면, 간장물에 마늘과 꽈리고추의 향이 배어 훨씬 감칠맛 나는 달걀장조림이 된다.
달걀을 먼저 조리다가 거의 완성 되었을 때 마늘과 꽈리고추를 넣어도 되는데, 이때는 너무 오래 조리지 않도록 해야 한다. 마늘과 꽈리고추가 너무 익으면 짠맛이 강해지고, 씹는 질감도 색감도 떨어진다.

7

달걀에 갈색이 나면 불을 끄고 식힌다.

8

밀폐용기에 데친 마늘과 꽈리고추를 담고 달걀을 넣은 뒤 남은 간장물을 붓는다.

감자조림은 여름철 인기 밑반찬이다. 감자에 간장과 설탕 등을 넣고 감자에 간이 배게 조리면 짭짤하면서 달달하다. 맵지 않고 부드러워 아이들과 노인이 특히 좋아한다.

감자조림

재료

- 감자 ··························· 800g
- 간장 ·············· $1\frac{1}{3}$컵(약255ml)
- 물 ····················· 5컵(약950ml)
- 설탕························ $\frac{1}{2}$컵(95g)
- 물엿 ···················· $\frac{1}{2}$컵(130g)
- 다진 마늘 ···················· 1큰술
- 식용유 ······················· 1큰술

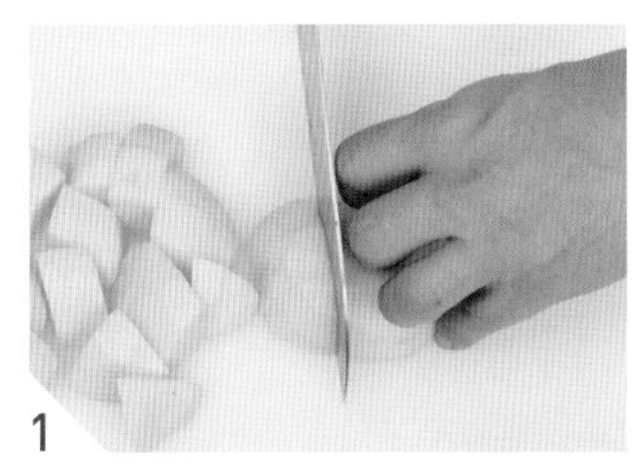

1
감자는 껍질을 벗기고 사방 2cm 크기의 주사위 모양으로 썬다.

2
냄비에 간장, 물, 설탕, 물엿, 다진 마늘, 식용유를 넣고 끓인다.

3
간장물이 끓으면 감자를 넣고 끓인다. 바닥에 감자가 눌어붙지 않게 저어준다.

4
20분간 중간불에 끓여 감자에 양념이 배고, 간장물이 조금 남으면 불을 끈다. 너무 오래 조리면 감자가 부서지므로 감자가 먹기 좋게 익을 정도로만 조린다.

여름이면 큰 감자와 함께 작은 알감자가 제철인데, 이 알감자를 깨끗이 씻어 껍질째 조려도 별미다.
알감자는 껍질의 흙을 깨끗이 씻은 뒤 껍질째 간장물에 넣고 조린다. 이렇게 하면 알감자 껍질의 쫄깃한 맛까지 더해져 더 맛있는 조림이 된다.

깍두기는 배추김치와 함께 한국을 대표하는 김치다. 무를 주사위 모양으로 썰어 고춧가루 등 갖은 양념으로 버무린 것인데, 아삭한 무의 맛과 매콤한 맛이 일품이다. 깍두기를 담글 때 양파를 갈아 넣으면 깔끔하고 시원한 단맛이 난다.

깍두기

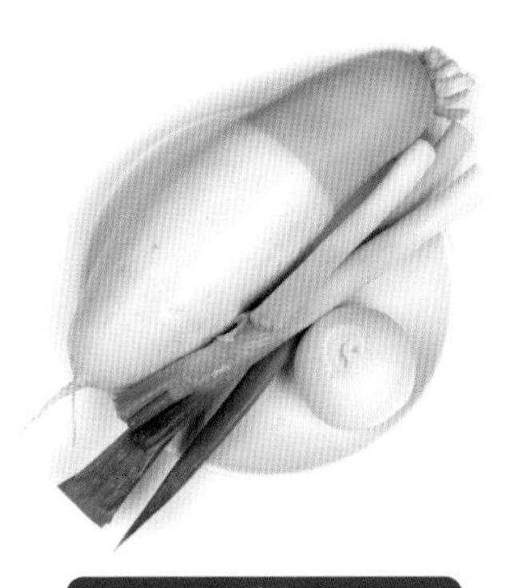

재료

무······ 1개(1,700g)(꽃소금 5큰술)
무청······ 100g
대파······ 60g
양파······ 110g
밀가루 풀(밀가루 $\frac{1}{2}$큰술+물 1컵(약190ml))
다진 마늘······ 2큰술
간 생강······ $\frac{1}{3}$큰술
굵은 고춧가루······ 3큰술
멸치액젓······ 3큰술
설탕······ 4큰술
새우젓······ $1\frac{1}{2}$큰술
꽃소금······ 1큰술

1
무는 2.5cm 두께로 썬다.

2
동그랗게 썬 무를 사방 3cm 크기의 주사위 모양으로 썬다.

3
무에 소금 5큰술을 뿌리고 섞어 2시간 절이는데, 중간에 한번 섞어준다.

4
무의 잎부분인 무청을 준비해 깨끗이 씻는다. 무청이 없을 때는 열무를 써도 된다.

5
무청과 대파는 1cm 폭으로 썬다. 양파는 깍두기 무 크기로 썰어서 믹서기에 넣고 곱게 간다.

6
1컵의 물 중, 물 3큰술을 덜어서 사용하며, 밀가루를 덩어리 없이 풀어준다.

백종원의 

깍두기를 담글 때, 무의 잎에 해당하는 무청을 송송 썰어넣으면 식감이 살아난다. 무청이 없을 때는 열무를 넣어도 되고, 갓이나 실파, 배춧잎을 넣어도 좋다.
무청이나 열무를 넣을 때는 밀가루 풀을 쑤어 넣어야 풋내가 나지 않는다.

무는 봄부터 가을까지 나는 뿌리채소로, 특히 가을에 나는 무가 달고 맛있다.
여름에 나는 무는 물이 많고 단맛이 적기 때문에 썰어서 설탕에 먼저 재어 단맛을 들인 뒤 소금에 절이면 맛있다.
깍두기를 담글 때는 새우젓을 넣어야 뒷맛이 깔끔하고 색도 곱다.

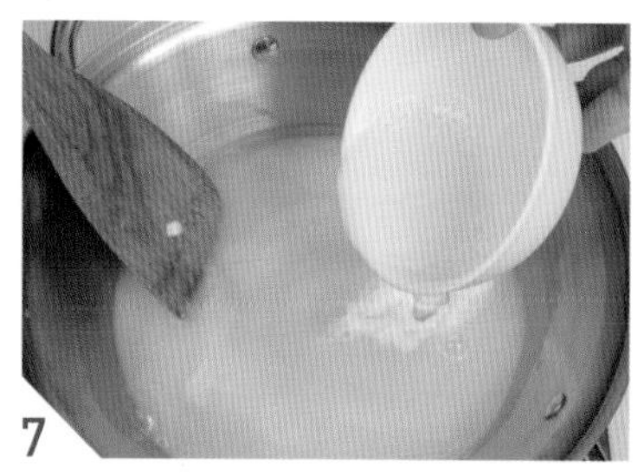

7 밀가루를 개고 남은 물을 끓이다가, 개어놓은 밀가루물을 넣고 저어준다. 밀가루와 물이 잘 섞이면 밀가루풀이 완성 된 것, 바로 불을 끈다.

8 소금에 절인 무는 체에 밭쳐 물기를 뺀다. 무는 물에 씻으면 무의 단맛이 빠지므로 씻지 않는다.

9 무에 고춧가루를 넣고 고루 섞어서 무에 빨간 물을 들인다.

10 무에 무청, 대파, 다진 마늘, 간 생강, 설탕, 새우젓, 소금, 간 양파, 멸치액젓을 넣는다.

11 완전히 식힌 밀가루 풀을 넣는다.

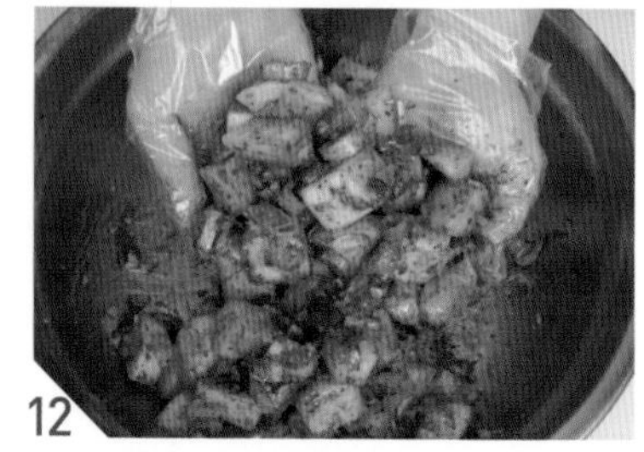

12 무와 무청, 대파, 양념들을 섞는다. 저장용기에 담아 실온에 2~3일 두어 무에 양념맛이 잘 배면 먹기 시작한다.

타락죽 14
전복죽 16
호박죽 20
비빔밥 22
김치볶음밥 26
제육덮밥 28
떡국 30
삼계탕 32
궁중떡볶이 34
김밥 36
쇠고기무국 42
북어국 44
미역국 46
쇠고기미역국 48
갈비탕 50
멸치된장찌개 54
쇠고기된장찌개 56
순두부찌개 58
돼지고기김치찌개 60
참치김치찌개 62
육개장 64
불고기 70
쇠꼬리찜 72
탕평채 74
잡채 76
낙지볶음 80

도토리묵무침 82
두부김치 84
감자샐러드 86
해물파전 90
김치전 94
야채전 96
달걀찜 98
오징어볶음 102
달걀말이 104
채소마요네즈샐러드 108
시금치무침 112
콩나물무침 114
매운콩나물무침 116
고사리볶음 118
무생채 120
오이무침 122
오이초무침 124
무말랭이무침 126
어묵볶음 128
어묵감자볶음 130
잔멸치볶음 132
멸치고추장볶음 134
마른새우볶음 136
달걀장조림 138
감자조림 140
깍두기 142